U0112064

大展好書　好書大展
品嘗好書　冠群可期

大展好書　好書大展

品嘗好書　冠群可期

休閒娛樂　14

花卉專家門診

胡一民　傅　強　劉宏濤　編著

大展出版社有限公司

國家圖書館出版品預行編目資料

花卉專家門診／胡一民　傅　強　劉宏濤　編著
　　　——初版，——臺北市，大展，2006〔民95〕
　　　面；21 公分，——（休閒娛樂；14）
　　　ISBN　957 - 468 - 447 - 4（平裝）
1. 花卉—栽培　2. 花卉—疾病與防治
435.4　　　　　　　　　　　　　　　　95002015

花卉專家門診

ISBN　957 - 468 - 447 - 4

編 著 者／胡一民　傅　強　劉宏濤
責任編輯／曾　素
發 行 人／蔡森明
出 版 者／大展出版社有限公司
社　　　址／台北市北投區（石牌）致遠一路 2 段 12 巷 1 號
電　　　話／（02）28236031・28236033・28233123
傳　　　眞／（02）28272069
郵政劃撥／01669551
網　　　址／www.dah-jaan.com.tw
E‐mail／service@dah-jaan.com.tw
登 記 證／局版臺業字第 2171 號
承 印 者／翔盛印刷有限公司
裝　　　訂／建鑫印刷裝訂有限公司
排 版 者／弘益電腦排版有限公司
授 權 者／湖北科學技術出版社
初版 1 刷／2006 年（民 95 年）4 月

定　　價／280 元

目　錄

基 礎 篇

診斷基礎 *16*

一、因生長條件不適 *16*

    1. 溫度 *16*

    2. 光照 *17*

    3. 水分 *19*

    4. 濕度 *21*

    5. 肥料 *23*

二、從植物的異常判斷 *25*

    1. 葉片異常 *25*

    2. 根、花及株體異常 *30*

防治基礎 *34*

如何防止花株不開花現象 *34*

如何防止落花、落蕾現象 *34*

如何防止落果現象 *35*

如何防止觀果類花卉結果少或不
    結果 *36*

如何防止花卉葉片發黃 *37*

如何防止葉片焦邊現象 *39*

如何防止葉片枯尖或乾枯現象
    39

如何防止突然落葉現象 *40*

如何防止葉片萎蔫現象 *41*

如何防治莖腐病 *42*

如何防止爛根現象 *43*

如何補救極度失水的植物 *43*

怎樣把握花期施肥之度 *44*

冬季室內盆栽如何施肥 *45*

淘米水、青草水、爛魚水的肥效
    如何 *46*

如何從植株長勢判斷花卉缺素症
    47

入冬前如何提高花卉的抗寒能力
    48

怎樣分辨花卉喜酸喜鹼 *48*

花卉專家問診

如何對北方盆花用水進行酸化處
理 49

雪水澆花有什麼作用 50

如何改造鹼性土壤 51

換盆後的舊土可否再用 52

如何讓盆花安全過春 53

如何讓盆花安全過夏 54

如何讓盆花安全過秋 55

盆栽花卉的冬季管理應注意什
麼 56

如何讓觀葉植物安全越冬 58

如何讓仙人掌類植物安全越冬
60

如何讓仙人掌類植物安全度夏
61

溫室花卉出房前要進行哪些管理
62

可用根插繁殖的植物有哪些 64

觀賞植物葉插繁殖有哪些方式
65

怎樣使盆栽香花更香 66

宜作盆栽的香花有哪些 67

空調室內適宜放置什麼樣的盆花
68

郵購的花卉如何恢復元氣 68

不同花卉之間有剋相生的現象嗎
69

如何用毒簽防治盆栽花木的蛀牙
害蟲 71

白粉虱怎樣防治 72

怎樣防治紅蜘蛛危害 73

鬱金香為何莖短花小 76

為什麼鬱金香種球會退化 78

為什麼番紅花開花不旺 78

北方養好文殊蘭要注意什麼 79

球根海棠為何葉片易捲曲 81

怎樣促使球根海棠多開花 82

香雪蘭花是否會變色 83

風信子可以水養嗎 83

大麗花塊根繁殖如何進行 84

怎樣使大麗花花大色艷 85

盆栽大麗花怎樣矮化 86

怎樣使大麗花不「頭重腳輕」 87

唐菖蒲、百合種球如何貯藏 88

仙客來怎樣安全度夏 89

如何挑選滿意的水仙球　90
怎樣使水仙在春節開花　91
盆栽水仙為何不能持續開花　92
如何使唐菖蒲開花艷麗　93
晚香玉花蕾夏季綻不開怎麼辦　94
晚香玉花香濃郁的要訣是什麼　95
網球花為何開花期有短有長　95
庫拉索蘆薈為何出現爛根爛葉　96
蘆薈冬季管理如何進行　97
怎樣繁殖虎尾蘭　97
怎樣區分栽種曇花和假曇花　98
如何防止燕子掌落葉　99
如何使翡翠珠更加晶瑩光亮　100
嫁接仙人球的三棱箭基部腐爛應如何挽救　101
如何讓水晶掌的肉質葉片透明光亮　101
怎樣使長壽花花色更艷麗　102
怎麼養好金琥　103
北方地區怎樣種好金琥　104
如何區分蟹爪蘭與仙人指　105
蟹爪蘭為什麼易落蕾　105

嫁接蟹爪蘭的砧木發蔫怎麼辦　106
蟹爪蘭花蕾大小不一、數量少的原因是什麼　107
蟹爪蘭為何莖節萎蔫　108
如何使蟹爪蘭應時開放　109
令箭荷花長乾枯斑怎麼辦　110
令箭荷花為何不開花　111
令箭荷花嫁接成活率不高的原因　112
越冬沙漠玫瑰的肥碩莖基為何發軟　113
霸王鞭莖枯不止怎麼辦　113
馬齒莧樹為何一入夏季就「半死不活」　114
發財樹為何葉黃脫落　114
扦插繁殖的發財樹苗為什麼莖幹基部不膨大　115

發財樹為何葉尖發黑，葉片發黃
　116
紅楓為何葉片枯白　116
佛肚竹為何不凸起佛肚　118
水養富貴竹為何不能長時間芽旺
　葉翠　119
水養富貴竹為何葉片發黃　120
如何讓富貴竹葉色濃綠　120
南洋杉光腳了怎麼辦　121
白蘭受煤煙薰後葉應如何救治
　123
全光照下的白蘭移至濃蔭處為何
　落葉掉苞　124
白蘭不開花的原因是什麼　125
針刺過旺枝能促盆栽白蘭多開花
　嗎　126
白蘭花葉尖為何呈鈎狀　127
含笑類種子貯藏為什麼易腐爛或

喪失生命力　128
北方地區盆栽含笑為何易出現葉
　片黃化　129
梅花主乾枯死怎麼辦　129
梅樁生長不旺與施桐餅有關嗎
　130
梅樁開花優劣與修剪有關嗎
　131
如何防止梅樁落葉　132
梅花普遍發生捲葉病的原因及防
　治方法　133
梅花主幹內出現桃紅頸天牛如何
　識別與防治　134
怎樣促成盆栽蠟梅多開花、香味
　濃　135
怎樣促成蠟梅春節時開花　136
以柳葉蠟梅為砧木嫁接的蠟梅為
　何易遭風折　136
茶梅新葉脫落怎麼辦　137
如何養好茶梅　137
月季花為什麼越開越小　138
盆栽月季生長不旺應怎麼辦　140
月季接插繁殖怎樣進行　141
月季葉片出現黑斑病怎樣防治
　143
怎樣識別和防治月季白粉病　144

如何促成牡丹種子的正常發芽 144

「春分栽牡丹，到老不開花」原因何在 145

北方地區盆栽多年的桂花為何不開花 145

四季桂為啥不開花 146

貼梗海棠葉片背面長「鬍子」怎麼辦 147

怎樣進行貼梗海棠催花 148

花市上購買的垂絲海棠為何出現「頭重腳輕」現象 148

防治紫薇病用了波爾多液為何出現葉片發黃脫落 148

庭院中栽培爬牆虎會損壞牆體嗎 149

如何使紫藤花繁葉茂 150

盆栽紫藤為何難開花 151

常春藤和洋常春藤有何區別 151

花葉常春藤的夏季養護應注意什麼 152

山茶花能否嫁接在茶樹上 153

山茶花為何掉苞落蕾 154

雲南山茶花因光照不足而掉蕾怎麼辦 155

山茶花受凍後怎麼辦 156

怎樣區別單瓣和重瓣茶花 156

澆尿素液後山茶花為何突然落蕾掉葉 157

栽培山茶花時應掌握哪些技術要點 157

怎樣養護才能讓駕鴦茉莉連續不斷地開花 158

怎樣使倒掛金鐘多開花 159

如何使倒掛金鐘安全度夏 160

怎樣使金苞花四季開花 161

金苞花噴灑了樂果後為何落葉掉苞 162

丹東杜鵑為何開花後葉片變小 162

杜鵑花繁殖不易成活的原因何在 163

比利時杜鵑生長開花不佳的原因 164

龍船花為何發黃落葉　*165*

榕樹嫩葉為何枯焦捲曲　*166*

垂榕為什麼會葉片枯焦　*167*

如何使新上盆的瑞香發旺生長　*167*

緬梔子葉片上出現角斑怎麼辦　*168*

新購的盆栽梔子花為何苞枯葉落　*168*

梔子花為何頻頻落苞　*169*

梔子花葉片發黃的原因　*170*

珠蘭葉片和莖節為何會發黑脫落　*170*

石榴花開後為什麼不掛果　*171*

瑪瑙石榴為何不開花結果　*172*

南天竹播種為什麼長時間不出苗　*173*

盆栽南天竹為什麼不結果　*173*

灑金桃葉珊瑚為何難以繁殖與養護　*175*

灑金桃葉珊瑚為何掛果難　*176*

茵芋為何入夏後葉片泛白生長不良　*176*

盆栽孔雀木為什麼會出現大量落葉　*177*

葉枯根爛的香龍血樹能「死而復活」嗎　*177*

如何養好朱蕉　*178*

棕竹播種苗移栽後為何會出現「痴呆症」　*179*

怎樣促成珙桐種子發芽出苗　*179*

怎樣促成單性異株的金彈子結果　*180*

榔榆葉片上長「紅果」是怎回事　*180*

三角梅葉片為何捲成「餃子狀」　*181*

五針松造型夏季能鬆綁嗎　*182*

已結果的盆景銀杏為何以後幾年不掛果　*183*

盆栽羅漢松要抹雌、雄球花嗎　*183*

加那利海棗能在江淮地區露地越冬嗎　*183*

橡皮樹為何葉片枯黃死亡　*184*

新扦插的橡皮樹如何過冬　185

橡皮樹新葉為何發黃　186

怎樣使橡皮樹葉色碧綠光亮　187

龜背竹怎樣養護才能開花結果
　188

如何養護才能使臺灣肉桂長得好
　189

蘭嶼肉桂葉片發黃脫落怎麼辦
　190

臺灣肉桂出現「油蜜」怎麼辦
　191

福建茶葉片為什麼會「時蔫時
　亮」192

觀賞桃幹枝上「流膠」怎麼辦
　192

盆栽觀賞桃葉片為啥「皺縮」　194

怎樣讓枸杞花繁果多　195

如何防止佛手落葉落果　195

金橘掛果後為何易脫落　197

如何防止玳玳落果　198

鐵樹葉枯根爛後還能死而復活嗎
　199

蘇鐵葉片過長怎麼辦　201

鐵樹種子為何不發芽　201

種養蘇鐵需加「鐵塊」嗎　202

蘇鐵的部分細根系為何長成珊瑚
　狀　202

怎樣使鐵樹莖幹上長出較多的蘖
　芽　203

切割的鱗秕澤米蘖芽不長葉怎麼
　辦　204

金邊瑞香為何長勢不良　204

扶桑為何不正常開花　205

一品紅葉尖為何乾枯　206

一品紅苞片在什麼條件下顯紅
　207

一品紅為何落葉　208

蒔養珠蘭應注意什麼　209

繁茂的米蘭為何香氣不濃　210

米蘭怎樣安全過冬　211

八仙花為何不開花　213

散尾葵中下部葉片發黃怎麼辦
　213

巴西木葉片枯焦怎麼辦　214

花卉專家門診

盆栽九里香生長開花欠佳的原因 215

盆栽茉莉為何只長葉片不開花 216

冬季出現大量落葉的茉莉怎麼救治 217

怎樣防止茉莉開畸形花 217

如何促成三角梅開花 218

綠寶石葉片有病斑壞死怎麼辦 219

銀星秋海棠為何落葉掉瓣 220

鐵十字海棠夏季為什麼葉片易腐爛 221

麗格海棠夏季為何生長不精神 221

蝸牛啃食麗格海棠的葉片怎麼辦 222

冬季葉片落光的竹節海棠怎樣施救 222

火鶴花葉片、佛焰苞出現異常怎麼辦 222

綠巨人夏季養護應注意什麼 223

綠巨人「無精打采」怎麼辦 224

盆栽酒瓶蘭長勢不佳的原因 225

如何使四季秋海棠安全度夏 226

秋海棠為什麼會大量落葉 227

怎樣使蟆葉秋海棠色彩艷麗 228

文竹焦尖是什麼原因引起的 229

如何更新老文竹 229

碩壯茂盛的地栽文竹為何不結籽 230

文竹播種後為何不發芽 230

如何解決非洲紫羅蘭葉片瘦小無光澤 231

變葉木落葉如何處理 232

吊蘭葉尖為何枯萎發黑 233

腎蕨的地下塊莖有什麼作用 234

鹿角蕨的蒔養要訣是什麼 234

如何使腎蕨常年翠綠 235

鐵線蕨、鳥巢蕨的葉片為什麼容易焦邊 235

2年未翻盆的東方紫金牛植株下

目　錄

部葉片為何黃　*236*

冬季擺放於室內的金錢樹為何葉
緣褐焦　*237*

金錢樹扦插為何不易生根成活
238

琴葉榕莖幹基部葉片落光了怎麼
辦　*238*

怎樣矮化栽培冷水花　*239*

西瓜皮椒草上的美麗花紋為何不
見了　*239*

怎樣延長綠元寶碩壯子葉的觀賞
時間　*240*

怎樣提高舞草播種育苗的發芽率
240

紫葉酢漿草冬季葉片全部枯萎了
怎麼辦　*241*

華灰莉木冬季為何出現新梢像開
水燙過一樣的慘狀　*241*

鳳梨花開敗了怎麼辦　*242*

為什麼要在鳳梨葉筒中注水　*243*

家庭種養粉菠蘿怎樣才能株壯花
碩　*243*

芍藥播種為何難發芽　*244*

如何正常給芍藥疏蕾　*245*

為什麼芍藥不能在春分前後進行
分株　*245*

插種的乳茄不結果是何原因　*246*

北方種養孔雀竹芋為何生長不良
248

孔雀竹芋為何葉片捲邊發黃　*249*

天鵝絨竹芋的葉片為何容易捲曲
變黃　*249*

盆栽袖珍椰子應注意哪些問題
250

盆栽紫鵝絨應注意什麼　*250*

如何栽培豆瓣綠　*251*

如何處理金脈單藥花的幾種生長
不良現象　*252*

滿天星為何不能繁花滿枝　*253*

怎樣促成萬年青開花結果　*254*

羽裂緣蔓綠絨為何「精神氣」不
足　*255*

怎樣使綠蘿常年油綠　*256*

北方盆栽合果芋為什麼易黃葉
257

花卉專家門診

如何讓鶴望蘭開花四季不敗　*258*

鶴望蘭播種為何難以發芽成苗　*259*

扦插傘草以什麼作基質為佳　*260*

傘草夏季為什麼易出現焦葉　*261*

傘草水養應注意什麼　*262*

馬蹄蓮葉片為何發黃萎縮　*262*

盆栽馬蹄蓮的養護要訣是什麼　*263*

缸栽荷花為何花開不旺　*264*

怎樣使荷包牡丹花繁葉茂　*265*

菊花的選種復壯繁殖如何進行　*265*

怎樣使盆栽菊花矮化　*266*

怎樣防止菊花腳葉脫落　*267*

菊花為什麼會長出「柳葉頭」　*268*

新購的盆菊為何突然枯萎　*269*

如何延長松果菊的花期　*270*

怎樣提高一串紅種子的發芽率　*271*

怎樣促成雞冠花矮化　*271*

怎樣使新幾內亞鳳仙株形豐滿　*271*

西洋濱菊為何不開花　*272*

彩葉草如何栽培管理　*272*

玉簪葉片發黃怎麼辦　*273*

非洲菊的管理有什麼特點　*274*

春末夏初鳳仙花葉片為何易凋落　*275*

天門冬的莖葉發黃是怎麼回事　*276*

君子蘭發生葉斑病怎麼辦　*277*

如何給君子蘭淋水　*277*

君子蘭品種的優劣怎樣辨別　*278*

君子蘭裸根栽種為何易脫葉爛根　*279*

一年二度開花的君子蘭植株為何不再開花　*280*

如何避免君子蘭因花謝後切割殘箭而導致爛心　*281*

君子蘭葉片上有鏽鐵斑點怎麼辦　*281*

君子蘭種子在果實內發芽了怎麼

辦 282

君子蘭為什麼會出現「夾箭」現
象 283

怎樣矯正君子蘭「歪葉」 284

君子蘭葉片發黃的原因 285

春羽不發萌蘗如何分株 286

紅掌葉片變褐壞死怎麼辦 286

紅掌怎樣促萌分株 287

紅掌不開花是何原因 288

冬季怎樣給蝴蝶蘭淋水 289

家庭培植卡特蘭為何不開花 289

春蘭孕雷後為何難以開花 291

如何給文心蘭催芽 291

春蘭和蕙蘭有何區別 291

怎樣在花市上挑選落山蘭草 292

怎樣促成蘭葉烏黑發亮 292

陽台養蘭怎樣巧過夏 293

讓蘭花不結果可行嗎 294

墨蘭爛根如何辨別和補救 295

單個新鮮碩大的墨蘭假鱗莖能形
成新株叢嗎 296

盆栽蝴蝶蘭莖葉茂盛為何不開花
296

蝴蝶蘭不開花或枯蕾的原因是什
麼 297

怎樣給盆栽萬代蘭施放固態肥料
298

怎樣辨別春石斛和秋石斛 298

大花蕙蘭能否再次開花 299

生長健壯的大花蕙蘭為何不開花
301

大花蕙蘭的冬季管理如何進行
301

花卉專家門診

基礎篇

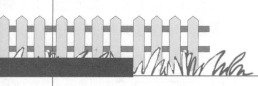

■ 診斷基礎

■ 防治基礎

診斷基礎

一、因生長條件不適

　　任何植物的生長都需要溫度、光照、水分、濕度、養分等自然條件，每一種植物都有其喜歡和不喜歡的環境，如果家庭盆栽不能為植物生長提供所需要的基本要求，植物生長就會逐漸衰弱，甚至導致死亡。

　　1.溫度　大多數室內植物在其生長期間都需要穩定而適宜的溫度，在生長停頓期間則需要較低的溫度。溫度過高或過低都會對植物造成直接或間接的傷害。

溫度不當所造成的症狀

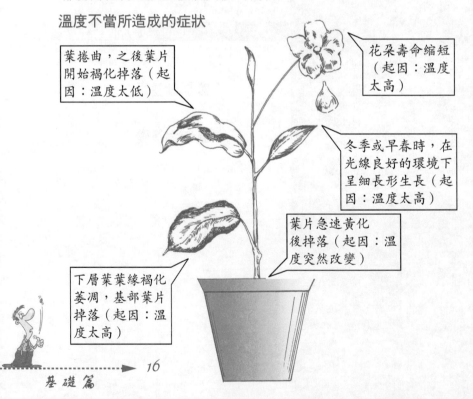

葉捲曲，之後葉片開始褐化掉落（起因：溫度太低）

花朵壽命縮短（起因：溫度太高）

冬季或早春時，在光線良好的環境下呈細長形生長（起因：溫度太高）

葉片急速黃化後掉落（起因：溫度突然改變）

下層葉葉緣褐化萎凋，基部葉片掉落（起因：溫度太高）

2.光照　幾乎所有的植物都需要光照來維持其光合作用的進行，以累積其生長發育所需的養料，但不同種類的植物對光照的強度、長短等需求是不一樣的。一般觀葉植物需要明亮但無日照的環境，而且其中多數可耐半陰；斑葉類植物比全綠類

光線不足所造成的症狀

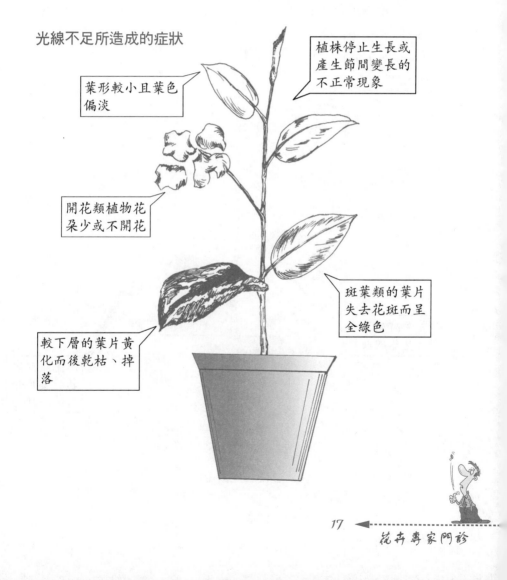

植株停止生長或產生節間變長的不正常現象

葉形較小且葉色偏淡

開花類植物花朵少或不開花

斑葉類的葉片失去花斑而呈全綠色

較下層的葉片黃化而後乾枯、掉落

花卉專家門診

需更強的光度，開花型植物一般需要直射光；仙人掌及多肉植物需要更強烈的光照。如果違背了植物對光照的特殊需求，光照也會對植物造成傷害。

光線太強所造成的症狀

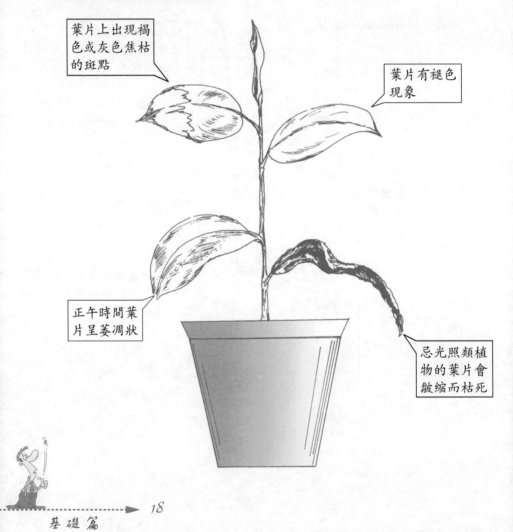

葉片上出現褐色或灰色焦枯的斑點

葉片有褪色現象

正午時間葉片呈萎凋狀

忌光照類植物的葉片會皺縮而枯死

3.水分　萬物都是需要水的，但需水量也是因植物的種類及生長期不同而有所變化。一般情況下，植物生長期需水量較大，休眠期需水量小；植物夏季需水量大，冬季需水量小；環境溫度和光照強度增加時，植物需水量增加。

土壤水分不足所造成的症狀

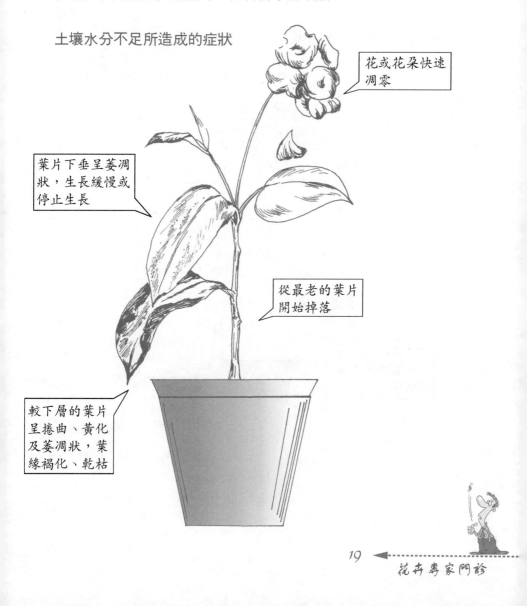

花或花朵快速凋零

葉片下垂呈萎凋狀，生長緩慢或停止生長

從最老的葉片開始掉落

較下層的葉片呈捲曲、黃化及萎凋狀，葉緣褐化、乾枯

花卉專家門診

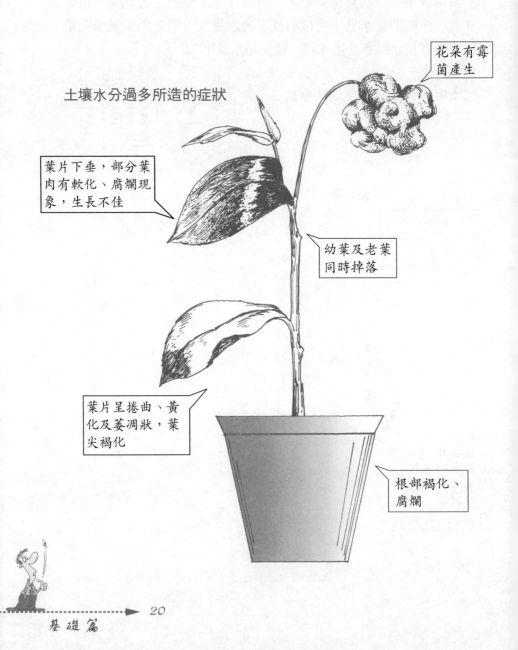

土壤水分過多所造的症狀

花朵有霉菌產生

葉片下垂，部分葉肉有軟化、腐爛現象，生長不佳

幼葉及老葉同時掉落

葉片呈捲曲、黃化及萎凋狀，葉尖褐化

根部褐化、腐爛

4.濕度　通常情況下，室內植物是需要一定的空氣溫度的，葉片薄的比葉片厚的植物需要更高的濕度。在使用暖氣的室內，空氣變得乾燥，相對濕度會降低，應注意多給植物噴水，以補充空氣濕度。

空氣濕度太低所造成的症狀

葉尖褐化、乾枯

花蕾及花朵萎縮、掉落

對乾燥空氣敏感的植物會有落葉現象

葉緣黃化，可能發生萎凋現象

　　葉端變褐色，葉緣變黃，沒有新枝新葉長出來，或生長遲緩，花蕾脫落，逐漸落葉而萎蔫，為濕度過低所致。補救方法是在一個闊盆（形如小托盆）中放些卵石，再加些清水，以不

花卉專家門診

空氣濕度太高所造成的症狀

葉片或莖上會產
生腐爛的斑塊

花朵上覆
有灰霉菌
的菌體

仙人掌及多肉
植物對高濕極
度敏感

浸過頂端為準；然後把盆栽植物連花盆放置上面，不要讓盆底
接觸水分。每天噴水於葉片四周。

　　有些花盆、植料和植株上，有一些灰霉或小白毛狀物體，
有時出現腐爛的病症，新葉軟化而缺色，那就是空氣濕度過高
誘發的，尤其是多肉植物和仙人掌更易受害。補救方法是降低
濕度，不要噴水，將盆花放於空氣流通和清爽之處，但需避免
冷風，春夏間可開動小風扇來回吹之，或用去濕機去濕。

5.肥料　　所有的植物生長都需要養分，其中最重要的三個基本元素是負責葉片生長的氮、負責開花的磷和負責根、莖生長的鉀。一般盆栽植物因土壤含量所限，很容易造成養分不足，但也不能因此而毫無原則地施肥，否則也會帶來諸多問題。

缺乏肥料所造成的症狀

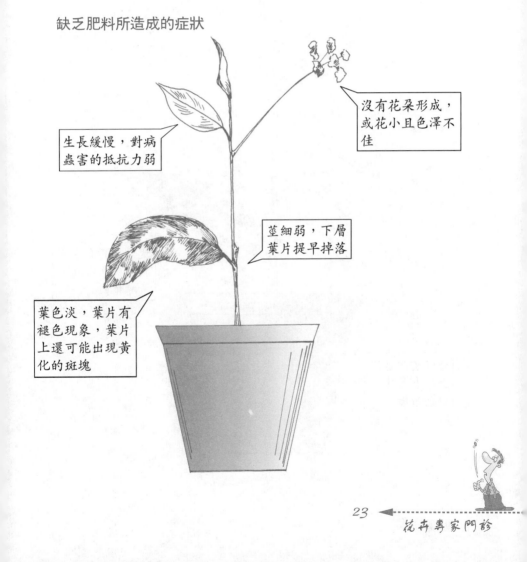

沒有花朵形成，或花小且色澤不佳

生長緩慢，對病蟲害的抵抗力弱

莖細弱，下層葉片提早掉落

葉色淡，葉片有褪色現象，葉片上還可能出現黃化的斑塊

花卉專家門診

肥料過多所造成的症狀

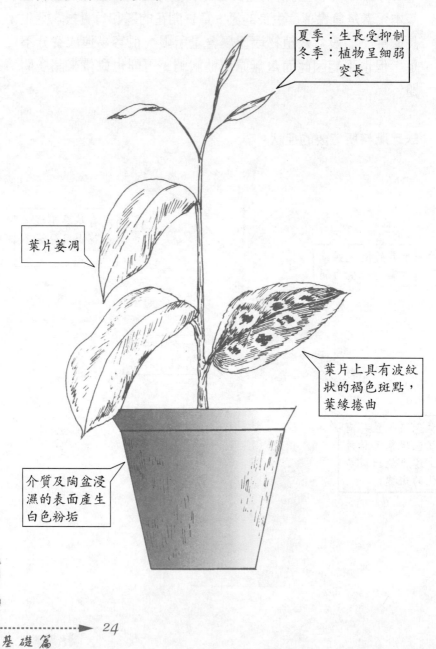

夏季：生長受抑制
冬季：植物呈細弱
　　　突長

葉片萎凋

葉片上具有波紋
狀的褐色斑點，
葉緣捲曲

介質及陶盆浸
濕的表面產生
白色粉垢

二、從植物的異常判斷

種過花的人都知道，養花是一件既容易又難的事，即使您花費很多心血，有時也往往難免發生這樣或那樣的問題，所以，您必須搞清楚問題發生的原因，才能進行及時的處理和補救。下面是養花成功人士總結的一些小經驗，也許對您有參考價值。

1.葉片異常的原因

現　　象	異　常　的　原　因
葉有捲縮的褐斑	缺水、經常上濕下乾、肥料過量、空氣污染、日灼
突然落葉	缺水、空氣污染、光照不足、高濃度化肥、急冷、環境驟變
新買回來的植株落葉	生理上不適應新環境，運輸時碰撞或搖擺過甚，澆水量突然改變
老的葉片凋落	缺水、缺光、土壤板結、長久不換盆、氣溫過高
葉片由下而上乾枯	光照不足，土壤過乾、靠近電視機和冰櫃或冷氣機排出熱氣的地方。若偶有一兩片葉不規則地乾掉，可能只是新陳代謝
葉邊枯焦	日常澆水不足、施過量肥料、日灼、空氣濕度小（尤其是芒萁類植物和海棠科植物）
葉邊變褐色	根部有線蟲為害，冷風侵襲，花盆旁邊積聚過多的肥料鹽
枝葉邊緣均枯褐	經常乾潤無水，土壤在秋涼冬寒時突然注滿冷水，根部腐爛或受損（後者在換盆後發生）
葉上有濕點或水泡（水腫）	為葉斑病，若軟化而像水漬狀者為細菌性葉斑病
葉片變深色而且細小，生長受阻礙	欠缺濕氣或缺磷肥
葉片偏小	通常由於光線差，但是亦可能由於太多光線（如非洲紫羅蘭）。若葉片變淡綠和下方葉片變黃，表示缺少肥料，營養不良

花卉專家門診

現　象	異常的原因
葉片上有軟化的部分，呈黑褐色	過多水分，空氣濕度太大
葉片黃綠	若根部健康而葉黃綠，乃缺乏氮肥（葉肥）的徵兆，有些盆栽植物的葉背還會變成紫紅色。另一主因是根部開始腐爛
下部葉片變黃，莖變軟及變深色	因過分澆水而引發爛根病
上方葉片變黃，葉脈也呈黃色	乃因肥料過多，或施濃肥，缺少鐵質等微量元素，或土壤偏鹼性
葉變黃，接著脫落，生長不良	排水不良，缺乏濕氣，大多因為土壤不適當引致
葉端和葉緣變褐色而漸枯	特別是芒萁類植物、棕櫚、蜘蛛蘭和空氣草等，最易生此毛病，乃因澆水過多，光線太暗，空氣污染，溫度太低，肥料鹽破壞，或有真菌病害
葉片黃化，從外緣開始，蔓延至全葉	欠缺營養；或者由於濃肥使根部腌爛，反而不利吸收
葉片上有黃圈或白環	這個病症表示根部冷縮，在秋冬或初春期間受凍害，被冷水澆過（尤其是在夜間或陰天澆水）。尤其是多肉質根的蘭科植物，受凍水影響會立即皺縮。
葉片黃化	土壤過於鹼性（pH 值 >7）；植株新陳代謝，葉片老化。有時欠缺微量元素，也會引致葉片黃化；特別是喜歡酸性的花卉種類，如杜鵑、梔子花、山茶、含笑等。假如黃化兼大量落葉，則可能是水分過多或肥料不足。
植株偏於某一邊的葉子黃化或有褐斑，但另一邊翠綠如故	為一側光照過度而引致的日灼病，應移放到適當遮光的位置
黃葉突然脫落，細胞組織發亮和半透明	乃氣溫突變所引致

現　　象	異　常　的　原　因
葉上或莖上有褐色小硬殼和針頭般的黃褐色斑點，葉片微皺	蚧殼蟲為害
葉彎捲和落葉	乾旱，氣溫過冷，水分過多，薊馬為害
葉有孔、缺齒、咬嚙狀	多數是蝶蛾類幼蟲、蝸牛、蛞蝓、金龜子、金針蟲或螻蛄等為害
棉花般的小白粉團	為粉蚧蟲為害
葉片表面變灰，有密麻麻的像漂白過的蒼白小點	害蟲（如紅葉蟎或蚧殼蟲）刺吸，光線過多，欠缺適當肥料，缺水，空氣污染等
葉上有紙狀小疤	薊馬等為害
葉片尖端向內側翻捲	捲葉蟲作怪
葉背有芝麻般小的茶色斑點	白蠅為害
葉面上有黏性物質	蚜蟲、蚧殼蟲、粉蝨等為害，黏性物質為其分泌的蜜露或蠟質物
葉上有分泌污漬	為蝴蝶幼蟲、飛蛾幼蟲、切葉蟲、薊馬等留下
葉片上和花盆上都有平滑發亮的痕跡留下	乃為蛞蝓或蝸牛為害
黃斑病	施肥方法和用量不當，空氣污染；患葉斑病；有蚧殼蟲或紅蜘蛛為害
葉片上有一層黑點	霉菌等為害
葉有斑點	患葉斑病；日照太強而灼傷細胞組織，過熱或冰冷的水澆葉面皆會造成斑點
葉上有白粉或白絨點	白粉病、灰霉病、粉蚧蟲或其他真菌為害
葉面有潰瘍輪斑	以四季橘較常見，病原為細菌

花卉專家門診

葉片軟弱且暗淡無光澤

可能是**光線太亮**，亦可能是**紅蜘蛛**所引起的症狀。即使是綠色而健康的葉片，也會因染上灰塵及污垢而無精打采。

上層葉片挺立但黃化

多發生於忌鹼性土質的植物種類。起因是施用鹼性肥料或以硬水澆灌所致。

葉片有斑點或斑塊

若斑點或斑塊呈褐色而乾脆，可能是水分不足所致；若斑點部分柔軟而呈深褐色，則可能是**水分過多**所致；若斑點或斑塊呈白色或淡褐色，則可能是**澆灌的水溫太低、水滴濺到葉片上、噴霧傷害、陽光太強或蟲害**所引起；若斑點呈水浸狀水泡或呈凹陷的乾燥斑點，則是**病害**所引起。有一些蟲害也會在葉面上產生同樣的症狀。

葉尖或葉緣褐化

單純的葉尖褐化，則最可能的原因是空氣過於乾燥或碰觸所造成的機械性傷害；若除葉尖外，葉緣亦有黃化或褐化現象時，可能的原因就較多了，如**水分過多、水分不足、光線太弱、陽光太強、溫度太低、溫度太高、施肥過多、空氣乾燥或風害**。

基礎篇

葉捲曲、掉落

葉先出現捲曲狀，後發生落葉現象，通常**是溫度太低、水分過多或冷風吹襲**的症狀。

突發性落葉

葉片不經過萎凋期或褪色期即快速掉落，通常是因為植物組織受到**突發性衝擊**之故；可能的原因是溫度大起大落、日間光照突然增強或遭強冷風吹襲。另外，根部周圍的介質若降低至可忍受的**濕度**臨界點時，同樣也會出現突發性落葉，尤其是木本植物種類。突然澆施了高濃度的化肥（茶花）、澆噴了農藥（指裝噴樂果、敵敵畏等），也會引起快速落葉。

葉轉黃而掉落

在成熟的植株上，下層葉片的偶爾黃化或掉落是很自然的現象。但數片葉片同時轉黃而掉落，就可能是**水分過多**或**受冷風吹襲**所致。

葉片萎凋

最常見的原因是**土壤過於乾燥**或**積水**（排水不良或澆水頻率太高）；另外可能的原因是**光線太強**（尤其是萎凋發生在正午時）、**空氣乾燥、溫度太高、根群發生盤根現象或蟲害**。

新栽植物的落葉現象

剛換盆的或、新購的植物，或剛移動位置的植株，掉落一兩片下層葉片屬正常現象。

下層葉片乾枯而掉落

有三種較常見的原因：**光度太低、溫度太高、水分不足**。

花卉專家問診

2.根、花及株體異常的原因

現　　象	異　常　的　原　因
植株矮化而有黃葉	根部有蟲、蛞蝓、多足蟲、仙客來蟎等為害
仙人掌變黃	水太少,或水太多
新株生長弱	光線太少,欠缺營養成分
株體軟腐,土壤常濕,盆面有綠色積聚物	水太多,或病菌侵害
生長受阻,枝莖變軟,褪色	冬天時天氣反常地熱或欠缺光照,寒冷時夜間澆水,空氣污染,水過量,氣候突變,溫差太大,空氣過分潮濕,患根腐病或莖腐病,細菌性侵害
新枝葉變厚和矮化	鹽分過多而使細胞受損,多數在近海地區發生
欠缺新芽新葉	通常由於缺光,盆土板結不疏通;或土壤 pH 值不適當
「脫腳」,軟垂	缺光,過熱所致
株體萎蔫	水分過多,排水不良,水分不足,陽光太多或太強,溫度過高,濃肥,施肥後即暴曬,空氣污染,空氣濕度太低,盆土板結,不換盆或方法不當,病蟲害等
莖基和根頸腐爛	眞菌或細菌為害,多水或盆土表面板結
莖葉有鏽點	鏽病,眞菌為害,應噴「姜鏽靈」
莖軟弱垂下	太少水,缺肥
枝條徒長而向光生長	光線嚴重短缺
多肉植物濕爛,盆土有綠苔	水分過多,土壤板結,排水不良
多肉植物變黃	水分過多或太少皆會葉黃,另一原因是太熱
多肉植物新苗太弱	光線過少

現　　　象	異　常　的　原　因
無花	過多或過少磷鉀肥料，光照不足，薊馬或蚜蟲侵害，土壤板結，花盆過闊過大，不適當的「日照」（指習慣性的長日照或短日照）
落蕾	空氣濕度過低，缺水或缺光，蟲害（如白蠅、薊馬、蚜蟲、花虱等），突然轉換盆栽植物的位置
花朵畸形、褪色	薊馬為害
花朵和葉片有凹陷斑或嵌紋，有皺縮跡象	染上過濾性病毒，無法治癒，應立即燒毀或丟棄
花朵早謝	缺水、過熱或太多陽光
根上有瘤	有線蟲侵害
根腐	真菌性或細菌性病害，應噴藥及剪除腐根；但多數因為多水、多肥、濕肥、肥料積聚、pH 值不適當、換盆方法錯誤、蟲害（如線蟲、紅根蟎、多足蟲等）所致，有時缺水也會使根幹腐

植株生長緩慢或停止生長

一般植物在冬季經常有這種生長減弱的現象，但這種情形若發生在夏季，就屬不正常現象了。最常見的原因是**養分不足、澆水過多或光線不足**。若經檢查均非上述原因所造成，且氣溫亦處於適當範圍，則可能是根部已產生**盤根現象**。

落蕾

通常會引起葉片掉落的環境因素，同樣也會引起植株落蕾及落花。最常見的原因是**空氣乾燥、水分不足**。

斑葉類的葉片轉全綠色

這種葉部特徵的轉變，很明顯是環境**光線太弱**所致。可將呈全綠的枝條剪除（視情況而定），並將盆栽放置在較靠近窗邊的位置。氮肥過多，磷肥缺乏，也會引起褪綠。

葉小而色淡、突長

這種特徵通常出現在冬季及春初時節，若植物放置在溫暖但光線過弱的環境下，且土壤又過於濕潤時，植株會有突長、葉色變淡的現象。若植株在生長旺盛的季節出現了這種病徵，原因不外乎**養分不足或光度太低**。

不開花

若植株已達開花年齡，到了開花的季節卻沒有花朵產生，時這有下列幾個重要因素可供判斷：其中最可能的問題是光照條件，如**光度太低**或**日照長度（時數）不適宜**；其他因素有**施肥過多、空氣乾燥、薊馬危害**或**換盆**所引起的不適徵兆（有些開花植物須在植株根部盤根時才能開花）。

莖、葉腐爛

主要是生長環境條件不良所致，通常在冬季**水分過多**或入夜後**葉面上還留有水滴**的狀況下最容易發生。

花朵壽命縮短

最常見的病因有水分不足、空氣乾燥、光度太低及溫度過高。

葉片上有孔洞及缺刻

造成葉片破裂或孔洞的基本原因，即人為或家畜所引起的**生物性傷害**（通常是展開中的葉芽受到偶然的擦傷）或**蟲害**。

瓦盆上覆有白垢

使用**高硬水質的水或施肥過多**，會使瓦盆上形成白垢。

瓦盆上覆有青苔

這種特徵明顯表示出水分管理發生問題了；通常不是**澆水過多**，就是盆土的**排水性不良**。

花卉專家門診

防治基礎

1 如何防止花卉不開花現象？

花卉開花與否一方面受植物內部機制的影響，另一方面受外界環境條件的影響，二者缺一不可。

花卉和其他植物一樣，要經過一定的營養生長階段才能轉入到生殖生長階段，此時植株的部分頂芽或腋芽分化成花或花序原基，再逐步進行花芽分化。花卉開花必須在體內積累了一定的營養物質後，才能滿足其開花所需要的物質。沒有一定的營養物質積累，花蕾生長需要的養分就不夠，因此植株不能開花。通常瘦弱的花卉不開花或開花稀少就是這個原因。

花卉開花還需要一定環境條件，花芽分化在適宜的環境條件下才能正常地進行。也就是說花芽分化既需要充足的養分和水分，對日照、溫度等環境條件也有嚴格的要求，只有滿足植物的這些要求，才能進行花芽分化，否則花芽分化不能進行，植物出現只長葉不開花的現象。

因此，植物花的發育、形成和開放，既要有足夠的物質積累，又必須有一個與之相適應的環境條件。

2 如何防止落花、落蕾現象？

在家庭花卉養護的過程中，由於管理不善，盆花會出現落花、落蕾的現象。造成落花、落蕾的原因有很多，但主要有以

下幾方面：

(1)**營養積累不足**：花卉從開花到結實，需要大量的養分供應，若盆花在營養生長階段，由於光照不足、氣溫不宜、肥水不當等原因，造成植株生長衰弱，使植物體內養分積累不夠，就滿足不了花卉生長發育和開花結實的需要。

(2)**環境條件不適**：各種不利於植物開花、坐果的環境條件引起落花、落蕾，如花期雨水過多，導致花朵腐爛，使授粉受精不能順利進行；或長期乾旱，水分蒸發過多，盆土積水等原因。

(3)**偏施氮肥**：在植物營養生長階段，如果施用氮肥過多，易造成植株徒長，影響植株的花芽分化，使其不能開花，或即使開花，也易造成落花、落果。另外施肥時肥料的濃度不夠，不能滿足花蕾生長發育的需要，也易造成落花、落蕾。

(4)**花、果期水肥施用不當**：在植株的盛花期和坐果初期，澆水要減少，施肥應停止，以減少生理性落花、落果，提高坐果率，否則會造成落花、落蕾。

3 如何防止落果現象？

觀果類花木出現落果的主要原因是養分供應不充足，而造成養分不能充足供應的原因主要有以下幾方面：

(1)**光照**：光照不充足或光照過強都使葉片的光合效率下降，植物光合作用制造的養分不能滿足果實生長的需要，從而造成落果。

(2)**溫度**：掛果時環境溫度過高或過低，都不利於植物的生長，從而影響到養分的供應而造成落果。另外，溫差過大也會

造成花卉生長的不適應，使植株形成的營養供應減少，從而引起落果。

(3)**肥料**：施肥時肥料的濃度過高，易造成燒根，引起果實營養供應的中斷，造成落果。肥料不足時，果實不能獲得充足的養分，也易引起落果。

(4)**水分**：盆土乾旱或土壤澆水過多時，會造成植株根系受損，使根系的吸收能力下降，造成植株體內水肥供應量的減少，不能滿足果實生長的需要，造成落果。花卉坐果後也不能使土壤積水，陰雨天應防止雨淋，避免落果。

(5)**果實數量**：觀果類花木在結果的初期要注意把過多的果實疏去一些，否則會因為果實的數量過多，造成養分的供應不足而出現「饑餓」性落果。

4 如何防止觀果類花卉結果少或不結果？

觀果類花卉（如南天竹等）在栽培管理不善時常會出現只長葉、不結果或結果數量少的現象，但只要做好以下的幾個方面工作就能避免不結果或結果少現象的發生。

(1)**土壤**：應該根據所種植植物的生態習性決定其種植土壤。如南天竹喜排水良好、疏鬆肥沃、中性偏酸的砂質壤土，因此土壤板結、過於黏重或偏鹼土壤都不利於其生長發育。

(2)**光照**：應根據植物的喜光性決定植株放置的位置，夏季炎熱時節應注意遮蔭，否則植株生長速度變緩，葉片發黃，影響開花和坐果。

(3)**肥料**：觀果植物在其需要的營養成分得到滿足時才能多結果，因此，在生長季節每半個月施肥 1 次，以磷鉀類的有機

肥為主，忌偏施氮肥，否則會造成落花落果。

(4)水分：一般植物在花期對水分的缺乏十分敏感，此時如果出現水分的缺乏，會因乾旱而落花，從而造成不結果或結果稀少。

(5)修剪：在平時的管理過程中要及時修剪病蟲枝、瘦弱枝、過密枝和徒長枝，特別是要在果實的觀賞期結束後及時剪除果實，如果長期不摘除果實，也會影響到第二年的結實，造成掛果減少。

(6)授粉：觀果類花卉中的雌雄異株種類，或雖然是雌雄同株，但開花期不一致的花卉，如全靠自然授粉會造成結實數量少或不結實的現象，因此，要進行人工授粉或人工輔助授粉來提高結實量。另外，在開花時應採取防雨措施，以免雨淋花粉，造成授粉成功率低，使植物不結果或結果稀少。

5 如何防止花卉葉片發黃？

盆栽花卉在生長過程中常出現葉片發黃的現象，產生葉片發黃的原因有很多，有時還是多種原因共同作用的結果，因此，在養護的過程中，要細心觀察花卉葉片發黃的原因，才能有針對性地加以防治。

(1)水黃：長期澆水過多易引起葉片發黃，特別表現在嫩葉發黃無光澤，老葉則沒有明顯的變化，枝條細小，新梢萎縮不長。此時應節制澆水或停止澆水，情況嚴重的可將植株帶土坨脫盆，置陰處吹晾後再上盆種植。

(2)旱黃：由於缺水或澆水量偏少而造成葉片發黃，一般的狀況是老葉由下而上枯黃脫落，但新葉一般生長正常。此情況

花卉專家門診

應適當加大澆水量和增加澆水次數。

(3)肥黃：施肥過多或施肥濃度過大時，在植物新葉葉尖會出現乾褐色，而老葉葉尖焦黃脫落。此時應立即停止施肥，或用清水澆灌，以稀釋肥分。

(4)瘦黃：盆花長年不施肥，或多年不換盆，使根系結團，植株得不到養分，也易造成葉片的發黃。出現此情況可及時換盆，平時要薄肥勤施。

(5)曬黃：喜陰的一些花卉種類特別是觀葉植物，若擺放在強烈陽光的直射下，葉片會出現黃尖和褐邊的現象，此時要立即將植株移至陰處放置。

(6)鹼黃：酸性土花卉如杜鵑、梔子、茶花、白蘭等，在其栽培土壤或澆水的水質為鹼性的情況下，會造成葉片變黃。解決辦法應立即換用酸性土壤栽培，或及時噴澆 0.2%的硫酸亞鐵溶液。

(7)濕黃：某些不耐高溫、高濕的花卉，在炎熱的盛夏，常因通風不暢和遮蔭不良而造成黃葉的情況，此時應注意通風和降溫，同時要保持盆土稍乾。

(8)冷黃：在寒冷的季節，由於溫度過低，有些要求越冬溫度較高的花卉葉片也易變黃，甚至脫落，應注意保持栽培場所的環境溫度。

(9)病蟲黃：在受病蟲害危害的花卉中，也有葉片發黃脫落的現象，應根據不同病蟲害發生的原因，採取不同的防治措施。

(10)缺素黃：如梔子花在缺鐵的情況下易出現葉片發黃、植株生長逐漸衰弱的情況，可用 0.3%的硫酸亞鐵溶液灌根處理。

6 如何防止葉片焦邊現象？

花卉的葉片出現焦邊的現象主要有以下幾個原因：

(1)光照過強：有些喜陰的花卉（如某些觀葉類花卉）在強光的照射下，容易出現失水的現象，當失水過量時，就會引起葉緣的枯焦。因此，在栽培喜陰類的花卉時，應根據其生長習性，盡量將其放置在半陰或蔽蔭處。

(2)空氣濕度過低：一般家庭養花過程中出現的葉緣枯焦的現象多是由於空氣濕度不足引起的。在一般管理條件下的空氣濕度均不能滿足喜空氣濕度較高花卉的生長需要，加之平時栽培者不注意增加空氣濕度，因此花卉的邊緣易出現枯焦現象。

(3)盆土過乾：盆土過乾時易引起葉片萎蔫，雖經澆水恢復，但葉片也易出現焦邊的現象，因此，在平時的管理中要注意及時澆水，以免出現葉片損傷後不能恢復的現象。

7 如何防止葉片枯尖或乾枯現象？

花卉葉片出現枯尖或乾枯現象主要有以下幾個原因：

(1)空氣濕度不足：葉尖枯乾不是真菌引起的病害，而是因室內空氣過乾而引起的。某些觀葉植物（如散尾葵）喜濕潤的環境，當空氣濕度不足時很容易造成葉尖乾枯，因此，在栽培過程中應經常向其葉面及四周灑水，以增加空氣濕度。若室內開啟空調時，應注意不可讓空調吹出的風直接對著植株，同時注意由噴水、灑水來補充室內的空氣濕度。

(2)肥料供應不足：肥料供應不足時易使得新生的葉片不易

抽出，而老葉易發生黃化，基部老葉易出現死亡。

(3)水分供應不足：缺水或澆水不足易使植株的葉片乾枯死亡，盆土偏乾也會造成葉尖的乾枯。缺水易引起近根部的老葉枯黃死亡。

(4)光照不適：光照過強易灼傷葉片，引起葉片（多為幼嫩的葉片）枯黃和葉尖乾枯。因此，在栽培過程中，夏季應避開強光直射。但光照不足也會引起葉片的黃化，這主要是由於光照不足而引起的植株生長不良和葉片發黃，所以，冬季要多見陽光。

(5)溫度不高：南方植物對越冬的溫度要求較高，一般至少要求越冬的最低溫度在10℃以上，低於10℃會出現葉片枯黃的現象，甚至引起植株死亡。北方植物引種到南方，或高海拔植物引種下山，由於夏季溫度過高，也會導致葉片枯尖或乾枯現象的發生。

8　如何防止突然落葉現象？

花卉突然落葉主要與溫度、光照和根部損傷有關。

(1)溫度：溫度變化過大會導致花卉產生不良的反應，即會導致大量落葉的現象發生。溫度變化對花卉的影響主要出現在春季花卉出房和秋冬季花卉進房之時，進、出房的時間把握不好，使花卉生長的環境出現較大的溫度變化，極易引起植株落葉。

(2)光照：喜光的花卉移入光照較少的室內後會出現落葉的現象，如榕樹、三角花等，此類花卉應放置在日照充足的地方，否則極易出現落葉。

(3)水溫：澆水時的水溫比土溫低很多時，會引起根系生理失調，影響根系對水分的吸收，也易造成花卉落葉。因此，冬季澆花時應盡量使水溫和土溫一致，如水溫過低可加入熱水提高水溫。

(4)根部損傷：根部由於外界的機械損傷，或施肥過濃引起「燒根」，使植株體內水分、養分供應不足，造成落葉現象。因此，施肥時要特別注意肥料的濃度，如不清楚，寧可薄肥勤施。

9 如何防止葉片萎蔫現象？

盆栽花卉出現葉片萎蔫的現象主要是由於根部生長受到影響而造成的。

(1)乾旱：乾旱是引起葉片萎蔫的最主要原因。由於日常澆水不及時，使盆土過於乾燥，從而導致部分根系乾枯死亡，以後即使進行正常的管理，葉片也會因根系供水不足而萎蔫。

(2)澆水過多：澆水過多使盆土處於長期水漬的狀態，致使根系缺氧，引起根系生長不良或死亡，從而導致葉片萎蔫。

(3)管理不當：如新上盆的花卉由於根系未能恢復吸收功能，因此即使盆土有充足的水分，根系也無法完全吸收。此時的花卉若放置在日照較強的地方，由於花卉的蒸發量大，葉片會出現萎蔫的現象。

(4)光照過強：蔭生植物在夏季或氣溫較高的時候移至強光下，葉片也容易出現萎蔫現象。

(5)風乾：花卉放置在風大的陽臺或過道處，因葉片蒸發過快而失水過多，也易引起葉片的萎蔫。

(6)病蟲害：花卉莖部生病腐爛或因蟲害咬傷，導致輸導組織輸送水分不暢，從而引起花卉葉片的萎蔫。

10 如何防治莖腐病？

植物的莖幹由於有一層堅硬的表皮保護，通常是不會出現病害的，但由於病菌侵染，在莖基部也會出現如莖腐病等病害。

莖腐病的發病部位主要是在花卉的根頸部，即花卉莖幹和土壤的交界處。莖腐病在發病初期並沒有明顯的症狀，只是在表皮上出現褐色的小點，當病斑擴大成塊狀時，根頸部的皮層已基本染病死亡。此時植株葉片出現萎蔫症狀，病斑繼續擴大，導致植株基部皮層全部壞死。

由於莖腐病初期表現並不明顯，待發現時，植株根頸部已完全腐爛。因此，莖腐病的防護以預防為主。

（1）選擇透水性好的花盆種植花卉，這樣可防止盆土積水而誘發莖腐病的發生；澆水時也應乾濕交替，不應澆水過多，以免土壤過濕引起病害。

（2）注意通風換氣，降低空氣濕度，使植株不易感染病原菌。

（3）對易發生莖腐病的花卉種類在栽植前進行土壤消毒，同時進行植株消毒。

（4）及時燒毀感病的植株，土壤應不再重複使用，若一定要用必須消毒後再用。

11　如何防止爛根現象？

造成花卉植株爛根的原因有很多，主要有：

(1)盆土黏重：土壤易板結，盆土表面乾結發白，但盆土內部並沒有乾透，表面上似乎缺水，但此時澆水易引起土壤過濕而導致根系生長不良甚至爛根。

(2)澆水過多：澆水過多易造成根系缺氧，水分占據大部分的土壤空隙，造成根系周圍氧氣含量減少，使植株呼吸困難，最終導致根系腐爛，植物萎蔫死亡。

(3)水溫土溫不一致：澆水的水溫比土溫低很多時，會引起根系生理失調，導致植株爛根死亡。

(4)施肥不當：施肥濃度過大或施用了未腐熟的肥料，都會引起植株爛根，前者是因為濃肥「燒根」，後者是因為未腐熟的肥料在土壤中發酵而產生熱量「燒根」。

(5)根部修剪不當：根部呈肉質的花卉在分株時，常要分割根部；還有一些花卉在換盆時也要把過長、過老、過密的根系剪除，重新種植後也會出現根部剪口因感染病菌不能癒合而導致爛根的現象。

12　如何補救極度失水的植物？

假如你多日忘記澆水，導致植物乾旱失水萎蔫怎麼辦？如果植物沒有徹底乾死，只是一時疏忽，造成缺水，使盆株萎蔫，此時千萬不要急澆大水，而要立即採取以下緊急措施補救：

（1）要立即把盆花從強光處移至陰涼通風處，用噴壺向葉面和枝幹上噴水，提高周圍小環境的空氣濕度，使盆花不繼續失水。

（2）不要立即向盆土中澆水，應在1～2小時後待盆土溫度降下來，再給予少量澆水；待根系恢復吸水功能後，再徹底澆透。

（3）待盆花枝葉恢復或好轉後再給予正常的管理。

（4）如果採取前三項措施不見好轉，要採取斷然措施。即將盆花的葉子全部剪掉，再剪去部分枝條，適當澆水，用塑料袋把盆株罩起來，注意每天通風1～2小時，經過一段時間的養護即可生出新的枝葉來。

13 怎樣把握花期施肥之度？

關於盆栽花卉施肥，籠統地說「忌花期施肥」，似有失偏頗之嫌。把握好花期施肥之度，應視具體情況而定，對於白蘭、米蘭、茉莉、杜鵑、月季、花石榴、紫薇、珠蘭、鶴望蘭等花期長達數月之久的花卉種類，在花期還是應該施肥的，只不過是要掌握好施肥的濃度、種類和時間。

其一，在開花高峰期到來前後，都應薄肥勤施，既可為大量開花積累營養物質，又可彌補植株因開花消耗的養分。

其二，盡量用無異味的肥料。香花類盆栽，特別是擺在室內期間，如果施了有異味的餅肥水等，與香味相斥，更影響室內的空氣質量，實是大煞風景，改用磷酸二氫鉀之類化肥或其他顆粒狀化肥，這樣就可一舉兩得。

其三，採用薄肥澆施可以延長花期，提高開花質量。切忌

生肥、大肥、濃肥，以免對植株根系造成不必要的傷害，甚至導致植株死亡。應盡量選用漚透的肥料，控制在較低的濃度。

　　另外，花期施肥不要玷污花朵葉面，也不要採用施葉面肥的方法，以免影響觀賞；再則，盆土過濕時，也不應施肥，以免造成不必要的浪費，可待盆土稍乾後再行施肥。

14 冬季室內盆栽如何施肥？

　　休眠狀態的盆栽花卉冬季可以不追肥。屬於此類的植物有石榴、吊鐘海棠、扶桑、仙人掌、球根海棠、八仙花、垂絲海棠、壽星桃、白蘭、米蘭、珠蘭、梔子、月季、牡丹、芍藥、鐵樹、松柏類等。但對這些盆栽花卉在冬季或翌春必須換盆，並一次性施足基肥，以利來年生長或開花。

　　觀葉盆栽冬季可施適量的復合肥及硫酸亞鐵。屬於此類的植物有龜背竹、春羽、變葉木、桃葉珊瑚、文竹、傘草、繡球松、蜘蛛抱蛋等。因為適量的氮、鐵元素，可使盆栽的葉片豐潤蔥綠，而施入少量的鉀素則可提高植株的抗寒能力。施肥的方法是將少量的顆粒肥埋入盆土中；或者以 3% 左右的液態肥澆入土中，每月一次為宜。

　　觀花盆栽冬季宜增施磷鉀肥。屬於此類的植物有仙客來、一品紅、天竺葵、茶花、茶梅、梅花、蠟梅、鐵梗海棠、瓜葉菊等。足夠的磷素養分，可使花苞碩大、花色艷麗或花香濃郁，而維持一定量的鉀素則有利於提高盆栽植物的抗寒力。這類盆栽花卉可施以固態磷鉀肥，也可澆施 2%～3% 的液態肥，如磷酸二氫鉀等。施肥的時間以花蕾生長期間為佳，每二週施 1 次，花苞開放後即停。

花卉專家門診

觀果盆栽冬季應增施磷肥。屬於此類的植物有玳玳、金橘、金豆、佛手、火棘、天竹等。植株結果，耗費了大量的磷素養分，為使來年能繼續開花結果，冬季有必要補充足夠量的磷素，其方法是從花盆的四周施入一定量的固態重過磷酸鈣，但一次施入量不能過多，否則會燒壞鬚根，適得其反。

15　淘米水、青草水、爛魚水的肥效如何？

　　由於缺少具體的成分分析數據，只能將淘米水、青草水、爛魚水的主要成分及使用方法作一簡介：

　　淘米水：淘米水中混有糠麩和少量的碎米粒，含有豐富的磷素、氮素和微量元素等，是花卉的生長所需要的營養物質，對花卉生長發育均有利。但在使用之前需經發酵，將其置於空壇中，將壇口用薄膜包嚴實，夏天發酵需 60 天，秋冬春三季需120～125 天。

　　另外，不可將其淋在花株葉片上，否則易招致葉片污濁骯臟，影響美觀。它呈微酸性，可用於澆施喜酸性的花木；因其含有較多的磷素，有利於花芽分化，延長花期，並能使植株多開花、開好花，還能促成花香色濃。

　　青草水：青草水含氮豐富，鮮嫩多汁，分解容易，但肥力短促。以春、夏季 1.5 千克鮮草兌水 5 千克漚製青草水為例，其中含氮約為 0.21%、含五氧化二磷約為 0.06%、含氧化鉀約為 0.14%。青草水呈明顯酸性，適於澆施觀葉植物，對觀花賞果類植物，在其營養生長期也非常合適。一般春秋季需漚 20 週時間，夏季只需漚 10 週時間即可使用。

　　爛魚水：以腐爛變質的魚類及魚腸、魚鱗等為原料漚製的

肥料，無論是海魚還是河魚，其磷的含量都較高。海魚雖含鹽分，但較淡，摻水後一般不會影響到花木的生長，包括喜酸性的花卉種類在內。但要注意：漚製時應放入一定的比例的菜皮、青草等，使之氮、磷結合均衡；缸或壇要密封，以防止生蟲且影響衛生，漚製的時間越長越好，肥液呈黑褐色。

另外，為以防止產生令人不愉快的異味，可在漚製時加入一些橘子皮，它釋放出的香精油，可明顯抑制和減輕異味。再則，澆施時宜兌水稀釋後再用。它特別適於作觀花賞果植物花芽分化期、花苞膨脹及果實成長期的追肥。

16 如何從植株長勢判斷花卉缺素症？

缺氮：植株瘦弱，枝條細長發硬，葉小花小。葉色從老葉到新葉由濃綠逐漸變淡，繼而出現紅紫色，直到萎黃脫落，嚴重時全株失去綠色。

缺磷：葉片由深綠色轉為紫銅色，葉脈（尤其是葉柄）呈黃中帶紫色。花芽形成困難，開花小而少且色淡，導致果實發育不良，甚至提早枯萎凋落。

缺鉀：植株矮小，莖柔軟易倒伏。葉片常皺縮，老葉由葉尖沿著葉邊出現黑褐色斑點，葉周圍變黃，而中部及葉脈仍呈綠色。

缺鈣：嫩葉綠且皺縮，葉緣上捲並有白色條紋，開花受阻，新葉難以展開或呈病狀扭曲。

缺鎂：植株生長不旺盛。老葉由下至上從葉緣至中央逐漸失綠變白，葉脈上出現各色斑點，最後全葉變黃。

缺硫或缺鐵：嫩葉從葉脈開始黃化，最後直至全葉發黃，

根系發育不正常。

17 入冬前如何提高花卉的抗寒能力？

冬季的低溫常常導致花卉的嚴重損害，所以，提高花卉的越冬抗寒能力，使其安全越冬是一個很重要的環節。防凍工作在入秋後即著手進行，應該做好以下幾項工作：

(1)及早撤去遮蔭物：入秋後及時拆去蔭棚上的遮蔭物，雖然最初一段時間會因光照、溫度、濕度等環境條件發生變化而使植株出現失水、葉色稍黃和光澤不足等現象，但由於受到充足的陽光照射，可以有利於花卉的光合作用，使植株積累充足的養分，提高植物體內的糖分濃度，從而提高植物的防寒能力。

(2)增施磷鉀肥：入秋後施用過多的氮肥會使花卉的營養生長過旺而造成植株的組織過於柔弱，從而降低花卉的抗寒能力。應在初秋每 10～15 天根外噴施 1 次磷酸二氫鉀，以促進莖葉組織的老化與健壯，並使植物的細胞濃度增加，從而有利於花卉的越冬。

(3)減少水分供應：入秋後逐步減少澆水量，並停止葉面噴水，可使植株的組織老化充實。

(4)低溫鍛鍊：霜降後，在花卉能夠忍耐的情況下，不要急於將花卉移入室內，應盡量讓花卉接受較低溫度的鍛鍊，使花卉逐步適應低溫的環境，增加抗寒能力。

18 怎樣分辨花卉喜酸喜鹼？

花卉土壤酸鹼度的適應性，是經過長期栽培摸索出來的，特別是應根據某種花卉的原生環境土壤條件來判斷其對酸鹼的適應性。絕大部分觀賞花卉都是喜歡酸性至微酸性土壤條件的，也有一些花卉則適宜中性或微鹼性的條件。

　　喜酸性的花卉種類常見的有杜鵑、山茶、茶梅、紅楓、白蘭、米蘭、梔子、珠蘭、海棠類、秋海棠類、珙桐、金花盆、盆橘、櫻花、五針松、羅漢松等；喜鹼性的花卉則不很多，有一定抗鹽鹼能力的花木主要有石榴、榆葉梅、夾竹桃、連翹、木香、枸杞、木槿、海濱木槿、紫藤、迎春、丁香、杜梨、合歡、泡桐、無花果、檉柳、黑松、杏、梨、月季、龍柏、周柏、側柏、火炬樹等。

　　區別土壤的酸鹼性，最常用方法是 pH 試液測定法。將土壤用涼開水以 1：2 的比例摻和，經沉澱倒出土壤溶液於玻璃器皿中，將常用的 pH 值試紙撕下一條，浸入欲測定的土壤浸出液中，半秒鐘後取出，將其與標準試版比較，即可讀出 pH 測試值。簡單地說，pH 值 7 為中性，小於 7 為酸性，大於 7 為鹼性。根據我國土壤酸鹼度情況，共分為五級，pH 值 6.5～7.5 為中性土，若其值為 7.5～8.5，則為鹼性土；若 pH 值為 5.0～6.5，則為酸性土；pH 值小於 5.0 為強酸性土，pH 值大於 8.5 為強鹼性土。

19　如何對北方盆花用水進行酸化處理？

　　從我國陸地水的分布來看，南方多是酸性水，北方多是鹼性水，因此，我國北方鹼性水地區，澆灌盆花必須進行處理，使澆花的水呈微酸性。盆栽花卉用水的酸化處理法很多：

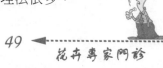
花卉專家門診

（1）發酵淘米水：將頭道洗米水放入容器中，經過 3 天即可發酵，成為發酵的淘米水。這種水是酸性的，用它來澆盆花，不會使盆土鹽鹼化，而且還有一定的肥效。一般盆花經常用它澆灌可不另施肥料，也能生長良好。一些喜酸性水的盆花，如君子蘭、杜鵑、山茶、佛手、玳玳、五針松、九里香等，經常用淘米水澆灌，再適當加入肥料，則生長更好。

（2）礬性水：硫酸亞鐵亦稱綠礬。在自來水中加入少量的硫酸亞鐵，即成礬性水。亦可將粉碎的硫酸亞鐵撒在盆土表層，然後澆水。這種水呈微黃色，呈酸性。經過這樣處理的水，可解決盆土鹽鹼化問題，有利於花卉生長。對於缺鐵的盆土，還有補充鐵離子的作用，特別是對由於缺鐵造成的缺素症，有良好的治療效果。但如果長期用礬性水澆花，也會使土中的鐵離子積累過多，而影響根的吸收，使盆花不能很好生長。因此，10～15 天澆一次是比較適當的，冬季更應少澆。

（3）醋酸水：水中加入少量的食用醋，即為醋酸水。水中加醋的數量可參照硫酸亞鐵。事實證明，凡是使用醋酸水澆盆花的，其效果良好，沒有發現有什麼副作用。

20 雪水澆花有什麼作用？

雪水在花卉栽培中的具體作用表現在兩個方面：一是用雪水浸泡的種子播種後，可加快花株的生長速度，並能提前開花結果，如蠟梅、一串紅、千日紅、雞冠花、冬珊瑚等；二是用積蓄的雪水澆灌盆花，不僅可加快其高粗生長，而且可使其長得葉綠、花大、果艷，如梅花、杜鵑、茶花、蠟梅、天竹、金橘等。雪水澆花效果奇的科學依據有三點：

一是雪水中重水含量相對較少；一般水中重水的含量約為0.015％，而雪水中的重水含量只有河水、井水的1／4；這種含有放射性物質的重水對生物的生命活動有強烈的抑制和破壞作用，所以，它對植物的生長發育極為有害。因而用雪水浸種和澆灌花木比普通水的效果要好得多。

二是雪水的結構狀態非常特殊，雪水是一種正十二邊形的冰狀水，其理化性質和生物體細胞內的水非常接近，不僅容易被植物吸收，而且能刺激細胞內酶的活性，促進生物體的新陳代謝，因而有益於花卉的生長。

三是雪水中含有一定量的肥分營養；大氣中以氨態（NH_3）、一氧化氮（NO）、二氧化氮（NO_2）等化合態存在的氮，在雲層雨滴中轉化為銨（NH_4^+）和（NH_3^-），可隨同雪花晶體一併降到地面，特別是空氣中大量的氮氣（N_2）和氧氣（O_2），可在雷電的作用下，反應生成硝酸根（NO_3^-），這時降下的雪水中，營養更為豐富，無疑是一種良好的液態氮肥。

21 如何改造鹼性土壤？

北方土壤多呈鹼性，不適宜種養南方花木，如杜鵑、茶花、蘭花等，由於長期適應南方酸性、高鐵、高鋁及低鹽的土壤環境，一旦種植在北方偏鹼性的土壤中，常常會生長不良甚至死亡。因此，使北方鹼性土壤酸化，就成為栽培好這些喜酸性花木的關鍵。鹼性土壤常用的改良方法有以下幾種：

施用硫酸亞鐵：露地花卉可每 10 平方公尺施硫酸亞鐵 1.5 千克，施後可降低 0.5～1 單位的 pH 值；對於黏重土壤，用量可增加 1／3。

施用食醋液：施用的醋必須是食用米醋，對於 pH 值大於 7 的盆土，可用 150～200 倍食醋液澆灌，每 15～20 天一次。

　　施用硫磺：此法很適於地栽植物，特點是降低 pH 值較慢，但效果持續時間長。

　　摻用針葉土：摻施針葉土是改良鹼性土壤的最根本方法。針葉土是由腐爛的松柏針葉、殘枝等枯落物及鋸末等漚製而成的，酸性強。一般鹼土摻 1／5 或 1／6 的針葉土，即適合喜酸性花卉盆栽使用。

22 換盆後的舊土可否再用？

　　一般情況下，春季換盆留下的舊土，僅僅透過殺菌仍不能直接續用，還必須經過加入肥料發酵，並重新消毒後方能再用。通常的做法是：將換盆留下的舊土過篩，篩去瓦片、窗紗、磚粒石子和殘留根系後，適當加入餅肥、雞屎、鴿糞或便尿，再添加適量的復合肥，經充分拌和使其混合均勻，收攏成堆後加蓋塑料薄膜讓其自然發酵，經過一個夏天的高溫，再經 2～3 天的翻耙暴曬，到了秋天即可重新用於換盆，但用此法配製的培養土，滅菌消毒尚不徹底。

　　常見的培養土藥劑消毒方法有兩種。

　　其一為福爾馬林消毒法，用含 40％甲醛的福爾馬林，加水 50 倍，每立方公尺培養土均勻灑入 400～500 毫升的稀釋液，然後將土堆積，用塑料薄膜覆蓋密封 48 小時，再把培養土攤開晾曬，待福爾馬林氣體揮發後便可使用。在進行消毒操作時，要戴手套和口罩，以防藥物吸入口內或接觸皮膚。

　　其二為氯化鈷消毒法，將培養土攏成 30～40 公分高的方

堆，在每平方公尺的面積內打 25 個深約 20 公分的小穴，穴間距為 20 公分，每穴灌入 5 毫升的藥液，施藥後立即用土覆蓋灌藥孔穴，接著在上面潑水，借以延緩藥物的揮發，最後用塑料薄膜將土堆密封嚴實；經過 15～20 天，再揭開薄膜，經多次翻耙培養土，使殘留的氯化鈷充分散逸，以免影響以後植株根系的生長。氯化鈷有劇毒，它不僅可殺蟲滅菌，而且還能有效防治殘蟲，在消毒操作時，戴好橡皮手套和合適的防毒面具，以免人體中毒。

23 如何讓盆花安全過春？

春季氣溫回升，盆花經過冬天的室內養護，大多要逐漸移出室外。而早春乍暖乍寒，為了使花卉適應兩種環境的變化，要做好春季花卉的養護和管理，為此，要注意以下幾點：

(1)出室：冬季經過室內養護，加上早春天氣多變，花卉較脆弱，出室的時間宜遲不宜早，否則易受風吹和晚霜凍害。北方地區宜在清明至立夏之間出室。出室前 10 天左右，可採用開窗通風的方法，使之逐漸適應外界環境；或上午出室，下午入室。

(2)翻盆換土：花卉植物在花盆內生長一年或多年後，養分供應不足，因此要翻盆換土。換盆的時間，宿根和木本花卉宜在休眠期和早春新芽萌動之前；早春開花者宜於花後換盆。換盆用土，大多用含較豐富腐殖質、pH 值 5.5～7.0 的中性偏酸、肥沃和排水透氣性良好的沙質壤土。多年生花卉可以於換盆時進行分株，如君子蘭一類。

(3)適施水肥：春季是各種花卉生長和發育的季節，若水肥

供應不足，往往會導致花卉的枯萎甚至死掉。應注意葉面上噴水，保持濕潤；澆水要適量，見濕見乾。施肥應根據不同種類適時進行，如君子蘭、美人蕉、米蘭、茉莉等，應隔 10 天追施一次液肥。

(4)**合理修剪**：春季是適合花卉修剪的最佳季節，如一品紅的老枝幹應在早春進行修剪，每一枝幹下部只留 2～3 個芽，上部枝條全部剪去，以促進新枝的萌發。

(5)**繁殖**：春季是花卉繁殖的最適時期，一年生花卉的播種、多年生花卉的扦插和分株、木本花卉的嫁接等都可在春季進行。

 24 如何讓盆花安全過夏？

夏季是盆花生長發育的季節，但天氣炎熱，氣候多變，降雨量大，病蟲害較多，需精心養護。

(1)**防酷暑高溫**：一些喜涼爽的花卉，如杜鵑、仙客來、何氏鳳仙、四季海棠、大麗花、一串紅、茵芋、瑞香等應及時放於陰涼通風處，經常往地上及盆花周圍灑些水，創造陰涼濕潤的小氣候，盆花澆水可早晚各一次。

(2)**防暴曬灼傷**：忌強光暴曬的花卉及各種耐陰的觀葉植物，在中午時分尤應注意遮蔭，並經常噴水，最好在花卉上方搭設葦簾遮蔭。

(3)**防澇**：澆水時要注意花盆排水是否通暢，發現積水時要及時脫盆，重新墊好排水層，底孔太小要鑿大孔洞，以利排水。

(4)**施肥**：可用魚鱗水、淘米水、臭蛋殼、動物骨頭等混合

加水漚製腐熟後，取液加水 10～20 倍，每週澆施 1 次。

(5)預防病蟲害：夏季多雨悶熱天氣是花卉發病的高峰期，應注意經常預防病害的發生和蔓延，盆花應保持適宜的濕度及良好的通風。另外，盆花移到室外以後還要注意防暴雨淋擊，如有積水應及時傾倒以防根部腐爛。

25 如何讓盆花安全過秋？

秋季氣候逐漸由涼轉冷，此一階段的盆花管理應注意抓好以下幾個方面：

(1)水分管理：隨著氣溫的降低，除對秋播的草花以及秋冬或早春開花的草花，可根據每種花卉的實際需要繼續正常澆水外，對於其他花卉應逐漸減少澆水次數和澆水量，避免因水肥過量而引起徒長，影響花芽分化和遭受凍害。

(2)肥料管理：入秋後，肥料管理需根據不同花卉的習性區別對待。對如文竹、吊蘭、蘇鐵等觀葉類花卉，一般每 15～20 天施一次稀薄葉肥，以保持葉片青翠，並能提高禦寒能力；對一年開花一次的菊花、山茶、蠟梅、杜鵑等花卉，以及一些觀果類花卉，如金橘、佛手和果石榴等，為促使其開花茂盛和果實豐滿，也應再施 1～2 次以磷肥為主的稀薄液肥，否則養分不足，不僅開花少而小，還會出現落蕾現象；對一年開花多次的月季、米蘭、茉莉、四季海棠等，更應繼續供給肥水，使其不斷開花。但對於大多數花卉來說，北方地區過了寒露之後就不再施肥了，以利於其安全越冬。

(3)適時入室：北方地區寒露後，大部分花卉都要根據抗寒力大小陸續搬入室內越冬，以免受寒害。入室具體時間因花而

異，對於大多數花卉來說，天氣剛一變冷，不要急於入室。因為過早入室會影響養分積累，不利於來年生長發育，同時稍晚入室有利於抗寒鍛鍊，提高植物的抗寒力。因此，在不致受寒害的前提下，入室時間以稍遲些為好。

通常情況下，君子蘭、扶桑、倒掛金鐘和仙人球等，待氣溫降到 5℃ 左右時入室較好。盆栽葡萄、月季和無花果等，需要在 -5℃ 條件下冷凍一段時間，促使其休眠後，再搬入室溫 0℃ 左右的室內越冬。

26 盆栽花卉的冬季管理應注意什麼？

盆栽花卉的越冬管理，具有技術性強、制約性因子多、難度大不易掌握等特點。為了使盆花在冬季葉色翠嫩、花色俏麗、果色鮮亮，在管理上應特別注意以下幾個環節：

(1) 澆水：盆花冬季澆水不當，往往會造成長勢不旺或爛根。一般室內盆花每週澆水 2～3 次，陽臺耐寒盆花每 2 天澆水 1 次，以盆土濕潤為度。澆灌用水以經過日曬後的水為好，澆水時間多在上午 10 點以後，此時水溫與土溫大致相近。除澆水外，還可適當噴水。對觀葉植物如龜背竹、春羽、文竹、鐵樹、傘草、羊齒、橡皮樹、羅漢松、竹類等，在澆水的同時，要經常給予葉面噴水，這樣既可洗去葉面的灰塵，使其保持清潔光亮，又有利於葉片氣孔呼吸。對觀花的山茶、君子蘭、杜鵑、梅花、蠟梅、仙客來等，冬季給植株適當噴水，一方面可使枝葉秀麗大方，另一方面也可加快花苞的膨脹和開放，但對已開花的植株，應改噴水為噴霧，以防花朵過早謝落或花瓣發黑。對觀果的天竹、火棘、玳玳、佛手、金橘、冬珊瑚等，給

植株噴水可使果實光潔鮮靈，格外誘人。

(2)施肥：冬季來臨，進入休眠狀態的盆花可以不施肥，如石榴、吊鐘海棠、扶桑、仙人掌、白蘭、米蘭、珠蘭、梔子、月季、牡丹、鳳梨、廣東萬年青、變葉木、龍葉珠、粉黛葉等。但對這些花木在初冬或早春必須進行一次換盆，且須一次性加入腐熟的基肥，以利於植株來年的生長和開花結果。觀葉類可施適量的復合肥及硫酸亞鐵，如龜背竹、桃葉珊瑚、繡球松、竹類、春羽、南洋杉、蜘蛛抱蛋等，其方法是將少量的肥料以液態澆入盆中，每月一次為宜。觀花類應增施適量的磷鉀肥，如仙客來、茶花、梅花、蠟梅、瓜葉菊、蒲包花等，足夠的磷素可使花苞碩大，花色鮮美，花香濃郁，而一定量的鉀素則可防寒和抗倒伏。此類花可沿盆壁施入顆粒態的磷酸二氫鉀或過磷酸鈣，施肥時間以花蕾生長期為適，花苞裂口後即可停止施肥。觀果類可增施磷肥，如金橘、金豆、玳玳、佛手、火棘子，其方法是從花盆邊緣施入少量固態磷肥，一旦果實接近成熟，即可停止追肥。

(3)防寒：不同的盆花種類，冬季對氣溫的適應性不同，要區別對待。在氣溫不低於零下15℃的情況下，黑松、黃山松、五針松、錦松、真柏、梅花、蠟梅、天竹、迎春、雀梅、榔榆、火棘等，可於室外搭簡易塑料棚越冬。氣溫不低於0℃的條件下，白蘭、山茶、龜背、春羽、南洋杉、桃葉珊瑚、橡皮樹、鐵樹、茉莉、珠蘭、金橘、玳玳、傘草、文竹、蘭蕙等，

花卉專家門診

在一般家居室內就能正常越冬。對於冬季氣溫需要保持在 10℃左右的花卉種類，如米蘭、鶴望蘭、龍吐珠、巴西鐵、非洲菊、金苞花、網紋草、粉黛葉、吊鐘海棠、扶桑、彩葉鳳梨、竹芋、蒲包花、富貴花等，在家庭養護時，可用簡易煤爐或電熱線加溫，或在特別寒冷的夜晚於植株外加套塑料袋，當低溫或寒潮結束後，即可將套袋摘去。

(4)透光：花卉的生長發育離不開光照，室內盆花除應置於南向窗口接受光照外，還可選擇晴暖無風的中午，將盆花搬到陽臺低處以補充光照。這樣既可增加光照，又可通風透氣，避免植株出現黃葉或落葉。

(5)修剪：冬季是花卉修剪的最佳時期。對榔榆、雀梅、三角楓，可將其密生枝、病蟲枝、徒長枝、瘦弱枝等全部刪去，其他枝條作適當縮剪，使樁頭保持層次分明、枝片清爽；對蠟梅、梅花、迎春等種類，可於花謝後將一年生枝從基部 2～3 公分處剪斷，促使所保留的基部葉芽萌發和多抽新梢，以保證其年年孕蕾、歲歲花繁。

此外，對絕大部分盆花，均可於早春進換盆，同時剪掉老化根系，以利於新根的形成和生長。對落葉類花卉，一定要在新芽萌發前換盆、縮根，切不可延至新葉抽出，否則，根系尚未完全恢復吸收功能，而枝葉又大量蒸騰水分，會造成水分的收支不平衡，致使植株生長不良或枯死。

27 如何讓觀葉植物安全越冬？

北方的冬季持續時間長、氣溫低，而觀葉植物相對其他花卉來說又要求相對高的環境溫度，因此，觀葉植物冬季應注意

以下幾方面的養護：

(1)溫度：不同觀葉植物的越冬最低溫度有著較大的差異，有些種類不同品種間的抗寒能力亦有明顯的不同，如銀邊巴西鐵較金心巴西鐵耐寒，綠寶石較紅寶石耐寒等。棕竹、蘇鐵、一葉蘭、八角金盤、桃葉珊瑚、蒲葵等觀葉植物具有較強的抗寒能力，這些植物能在家庭封閉陽臺上安全越冬。

橡皮樹、袖珍椰子、龜背竹、海芋、春羽、紅背桂、武竹等觀葉植物稍能耐寒，這些植物可以放置在室內或在陽臺上人工設置的簡易塑料棚內越冬，但應注意加蓋的塑料薄膜要覆蓋嚴密，不要讓頂部的枝葉露在外面，同時檢查周圍是否密封。

花葉萬年青、巴西鐵類、馬尾鐵、綠蘿、虎尾蘭、竹芋類、白鶴芋等觀葉植物對越冬溫度具有較高的要求，這些植物最好能置於有加溫設備的室內，並能保持10℃以上的溫度。

(2)水分：入冬後觀葉植物的生長基本停止，吸水能力也大大地降低。澆水過多不僅造成盆土過濕，而且低的水溫也會對根系造成損傷。因此，應盡量使盆土保持稍微乾燥的狀態，以利於觀葉植物的安全越冬，如垂葉榕在澆水過多時會造成葉片發黃和脫落。特別在遭凍害而造成葉片枯焦或落葉時，更要注意減少澆水量，以免導致盆土過濕而死亡。又如虎尾蘭有很強的抗旱性，在冬季即使較長時間不澆水也不會枯萎，但澆水過多則易引起根部腐爛。

(3)濕度：濕度的保持也是非常關鍵的要素。除澆水一定要掌握「不乾不澆，乾則澆透」的原則外，還要經常在植株附近的地面上噴灑清水，或利用套盆盛水的方法，使其慢慢吸收水分，以保持濕度，這一點尤其在有暖氣的室內更為重要。

(4)通風：過高的空氣濕度對觀葉植物的越冬也是十分不利

花卉專家門診

的，所以，應該利用打開門窗來調節空氣濕度，特別是人工塑料棚內的空氣濕度較高，更應注意通風。越冬的塑料大棚和溫室內的晝夜溫差過大也會導致觀葉植物發生凍害，所以，溫差應儘可能小一些，一般以不超過15℃左右為宜，需要由通風來進行調節。通風要根據天氣情況進行，在嚴寒侵襲時，為了使室內保持一定的溫度，防止冷風侵襲而引起植物的凍害，一般不應開門窗通風。在天氣晴朗而溫度較高的中午前後，則需及時進行通風，通風一般宜在上午9時後至下午3時以前。

28 如何讓仙人掌類植物安全越冬？

仙人掌類及多肉植物原產熱帶及亞熱帶地區，具有宜溫暖、喜陽光、忌水濕、怕寒冷的生態習性。冬季養護的主要是御寒防凍，掌握好溫度、光照與水分的關係：

(1)保暖：按照仙人掌類植物冬季對溫度的要求，大致分為較耐寒與不耐寒兩類，在管理上須區別對待。南方較耐寒種類，一般可露地越冬，不耐寒種類只需短時間的入室養護。北方因溫度偏低，所有仙人掌類及多肉植物均需入室管理。根據植物種類的不同，入室的時間、室內溫度的控制、出房時間也不相同。較耐寒種類在嚴寒時罩上塑料袋即可，不耐寒的種類應放在有取暖設施的房間，或放進向陽窗臺上用玻璃或塑料薄膜製作的小溫棚進行保暖。

(2)見光：仙人掌類植物為喜陽花卉，入室後應放在能接受直射光處，儘可能地多接受光照。這樣既可增強光合作用，促進生長發育，又可避免受寒。放置地點以向陽封閉陽臺或向陽窗臺為佳；無此條件，可在晴朗天氣於中午前後罩上塑料袋放

室外背風向陽處接受陽光照射，還可在嚴寒時期夜間開燈補充光照，增加室內溫度。

(3)節水：仙人掌類植物本身含有大量的水分，具有很強的耐旱能力。冬季如澆水過多，容易使植株受到凍害，嚴重的會造成爛根，甚至腐爛死亡。因此，入室後應嚴格控制澆水。11月底或12月初以前，見表土乾燥應適當澆一點水，水溫須與室溫相近。對冬末春初開花的品種，不僅要酌情澆水，還需施適量的磷鉀肥料，使其應時開花，花大色艷。

29 如何讓仙人掌類植物安全度夏？

到了6月份以後，氣溫逐日升高，大多數仙人掌類花卉進入旺盛生長的中後期，南方則是梅雨季節過後的持續悶熱時節，有些種類的生長呈現下降或停滯的趨勢。因此，6月份以後對仙人掌類花卉栽培管理應注意以下幾個方面：

(1)水分：多數種類進入炎夏季節，即使氣溫很高，也不能隨便澆水。夏天天氣炎熱，水分散失較快，需要充分澆水。但在烈日下澆水容易損傷植株根系，所以，澆水時間應選擇在清晨日出前或傍晚日落後。少數夏季進入半休眠或休眠狀態的仙人掌類植物，更應控制澆水量，以免因過量澆水而引起根系腐爛、植株死亡。

(2)光照：仙人掌類花卉大多都喜歡在充足的陽光照射下生長，但少數種類在炎熱的夏天又具有半休眠或休眠的習性，所以，在炎熱乾燥的夏天，應減少強光直射，避免植株被強光灼傷或因其體內水分過量散失而致死。因此，夏季的正午要給予適當遮蔭。

(3)**通氣**：栽培仙人掌類植物的場所需要通風，因為新鮮空氣能促進植株的新陳代謝，增強對養分的吸收能力，促使其生長繁茂。同時盛夏炎熱的天氣，若通風不良，易造成病蟲害的發生。

(4)**濕度**：多數仙人掌類植物適應於 30％～60％的相對空氣濕度。但夏天氣溫高，空氣乾燥，應適當增加栽培場所的空氣濕度。可經常用噴霧器向栽培場所噴水，或在栽培場所裡放置些盛裝清水的盆、鉢，以增加空氣濕度。

(5)**溫度**：大多數仙人掌類植物的生長適溫為 15～30℃。夏天持續的高溫會使植株生長變得緩慢，甚至停滯或處於半休眠、休眠狀態。所以，應做好適當遮蔭，加強通風設施，合理增加空氣濕度，才可起到一定的降溫效果，以利於仙人掌類植物的安全度夏。

30 溫室花卉出房前要進行哪些管理？

溫室花卉經過一冬在室內的特殊養護，終霜期過後要先後出房。由於室內與露地溫度、濕度、光照、通風等環境條件存在顯著差異，因此稍有疏忽，就會影響花卉出房後的生長，甚至導致花木死亡。溫室花卉出房前，主要應把握以下幾個重要環節。

(1)**縮短加溫時間**：為了使溫室花卉出房後能儘快適應露地環境條件，必須縮短室內加溫時間。當室內最低溫度不低於5℃時，即可由寒冷天氣每天加溫 8 小時減少至每天凌晨加溫2～3 小時，以後逐漸縮短，直到完全停止，以增加植株的抵抗力，使其能適應改變後的新環境。此一過程約需 15～20 天，在

此期間，若遇特大寒潮，則應採取臨時加溫措施。

加強通風透光溫室花卉出房前，增加通風透光非常必要。一些保溫性能不太好的溫室，嚴冬季節常在玻璃外蒙蓋薄膜或加掛草簾，以減少熱量的損失，有的甚至用刨花木塞好所有的門窗縫隙。花木在這樣的溫室中過冬後，就更有必要加強通風透光，以適應室外的光照和空氣。當氣溫回升後，要逐漸揭去加蓋的草簾和塑料薄膜，增加室內光照。在晴朗無風的白天，可打開少量窗戶，通風換氣，以後逐步將窗戶全部打開，使室內與室外的溫濕度漸趨一致，晚上再把窗戶關上。盆花臨出溫室前一周，晚上也應將窗戶打開。

(2)減少水肥：扣水少肥可使溫室花卉出房後少受損失。在冬季室溫能保持 15℃ 左右的溫室內，相當一部分花木能生長良好，如海棠、一品紅、龜背竹、春羽、竹芋、彩葉草、文竹、櫻草、蒲包花、君子蘭、珠蘭等，這些花卉在出房前如果正常澆水和施肥，會使枝葉生長得過分茂盛，出房後不易適應新環境。

(3)分批出房：由於各種溫室花卉對外界環境的適應性不同，特別是對溫度的敏感度差異很大，因此需要分批出房。適應性較強，稍能抗寒的花木種類有鐵樹、玳玳、扶桑、佛手、白蘭、橡皮樹、葉子花、變葉木等，可先出房，以後再出適應性較差的草本及球根花卉，如海棠、姬鳳梨、金苞花、蒲包花、紫羅蘭、彩葉草、大岩桐、網紋草、粉黛葉等。

31 可用根插繁殖的植物有哪些？

一般來說，植物的根、枝、葉、花、果均可作為插穗進行插繁殖，只不過是對某一種觀賞植物而言，則有其相對的特殊性，或用枝、或用根、或用葉片，或根、枝兼而用之。

能進行根插繁殖的觀賞植物，喬木類有火炬樹、欒樹、核桃、長山核桃、刺槐、銀杏、中槐、椴樹、銀白松、香椿、泡桐、光葉榆、榔榆、柿、小花七葉樹、合歡、梨、柳、杜仲、滇楸等；灌木類則有杜梨、文冠果、杜鵑花、櫻桃、木瓜、雪柳、楊梅、蠟梅、枸骨冬青、薔薇、美國海紅豆、懸鈎子類、牡丹、紫薇、迎春、金鐘、桂花、梅花、紅葉李、楤木、海棠類、海州常山、芫花、無花果、毛刺槐、丁香、森林帶果等；藤本類則有紫藤、凌霄類、南蛇藤、金銀花、獼猴桃等；草本類則有非洲菊、日本櫻草、芍藥、橡膠草、黃花菜、福祿考、花菱草、天竺葵等。

根插繁殖應注意以下幾個方面：

一是根穗的粗細與具體的植物種類有關，有的選用粗根作插穗，扦插效果要好一些，有的則粗細無太大的差別。

二是根穗截取的部位很重要，一般靠近根頸處的根段作插穗相對要好一些，如芍藥。

三是根的方向，由於植物的極性，插穗不能上下弄顛倒，否則不利於其生根。

四是花葉嵌合體觀莖植物，如斑葉楤木、花葉天竺葵等，其根插苗不能有效保持其斑葉品種的性狀。

五是應特別注意床面濕度，由於植物根系是長在土壤中

的，因此，扦插後不要讓插穗過多暴露在空氣中，儘快將其絕大部分都扦插入土，甚至全部埋入土中。根穗不適於燥熱的環境條件，必須重現床面濕潤，若是床面乾燥，必將影響到插穗的癒合生根，條件允許可用水苔覆蓋床面，以維持局部範圍內較高的苗床和空氣相對濕度。

六是及時抹去落芽，對根穗上端萌發的過多芽孽，要及時留優去劣，以保證扦插苗能形成良好的株形。

32 觀賞植物葉插繁殖有哪些方式？

根據插穗的種類不同，扦插可分為根插（如柿樹）、枝插（如山茶、桂花）、葉插（如寶石花）、鱗片插（如百合）、果插（如仙人掌之嫩果）。在此主要介紹觀賞植物的葉插繁殖。葉插，就是利用具有再生能力之葉片，或葉片之一部分，插入基質中，在插穗之基部、邊緣、葉脈上，發生不定芽和不定根，形成新植株個體。

根據植物種類的不同，葉插的方法也不盡相同，主要有帶柄葉插、葉片插、塊狀葉插。

(1)帶柄葉插：這種方法是用帶柄葉片作為插穗，或剪去葉片之部分邊緣，以減少葉面蒸騰，插入土中，待葉柄基部產生癒合組織，分化出不定根和芽，形成新植株後移栽；有時在葉片之葉脈集中處形成新梢，或在葉柄基部和葉面上同時產生莖葉。常見種類有膜葉海棠、楓葉海棠、非洲紫羅蘭、大岩桐、豆瓣綠等。扦插基質以砂壤或蛭石為宜。

(2)葉片插：該法利用不帶柄的葉片，部分種類可將葉片的主脈切斷，再將其平鋪於潮濕的沙或土上，葉上分散覆少許乾

花卉專家門診

淨的細沙,如膜葉海棠、非洲紫羅蘭、豆瓣綠等。較厚葉片種類之扦插,可將葉片基部插入乾淨濕沙中,如寶石花、石蓮花等。此法扦插勿使基質過潮,數週後即可生根。膜葉海棠等在葉脈切斷處會出現許多小植株。

(3)塊狀葉片插。該法是將植物的葉片沿主脈縱橫切成數塊,每塊含一段大主脈或粗側脈;將葉塊基部插入土中,如膜葉秋海棠、非洲紫羅蘭等;或用帶狀葉之一段插入土中,虎尾蘭、金邊虎尾蘭等;或用軟木打孔器將葉切割成直徑為2公分的圓塊,用吲哚丁酸或激素處理後,將圓塊放在濕潤的過濾紙上,置入有蓋的培養皿中,也可發育成新植株,如膜葉海棠。

總之,不論採用哪種方法進行葉插,所選的葉片應是生長健壯、充分成熟的;扦插基質可用砂、砂壤、蛭石、珍珠岩或沙與草炭摻半的混合土;扦插基質要進行簡易消毒,方可保證葉插獲得滿意的效果;在插穗生根期間,必須維持一定的溫、濕度,一般溫度在 25～30℃為好,相對濕度保持 85%～90%,基質始終濕潤,但不能含水過多,否則肉質葉容易腐爛,導致葉插失敗;少數葉質肥厚的種類,摘取葉片後要稍行曬乾,然後再扦插;在整個扦插生根過程中,葉面要噴水,插床要避免陽光暴曬,以防葉面灼傷。

33 怎樣使盆栽香花更香?

米蘭、含笑、四季桂等盆栽花木,花朵多而香味不濃的原因可能有以下幾個方面:

一是光照不足,包括時間短、光照強度不夠等,特別是米蘭,在光照不足、溫度偏低的條件下,香味明顯變淡。

二是缺少磷、鉀肥。對盆栽香花類，應盡量多施磷鉀肥，控制氮肥的使用量，無機肥可用 0.3% 的磷酸二氫鉀溶液，　有機肥可用漚製發酵過的雞屎糞稀薄肥，生長季節每半月澆施一次，不僅可促成多開花，而且能使香變濃。

三是欣賞時間上有差異，如含笑花，一般在 4～6 月開花期間的下午及傍晚，其醇的甜香顯得特別濃郁，而上午的香味就淡得多；到了秋季 10 月前後，雖有少量花朵開放，由於氣候轉涼，已幾乎聞不到香味。四季桂本身的香味就不如八月桂（如金桂、銀桂）香，它在春、夏季開花時，香味就比較清淡，而到了秋涼時節，可能與特殊的溫度有關，它的香味就要相對濃一些。米蘭在夏季光照充足、氣溫高時，花序密集，散發出的芳香味就特別濃烈，而到了秋末形成的花朵，香味就要比夏季和初秋淡了許多。

34　宜作盆栽的香花有哪些？

常見的宜作盆栽的香花種類及其花期如下：蠟梅，花期 11 月下旬至次年 3 月。栀子，花期 5～7 月。含笑，花期 4～6 月。玳玳，花期 4～5 月。米蘭，花期 6～10 月。茉莉，花期 5～10 月。白蘭，花期 5～9 月。春蘭，花期 2～3 月。惠蘭，花期 4～5 月。建蘭，花期 7～9 月。寒蘭，花期 10～11 月。二色茉莉，花期 4～10 月。玫瑰，花期 4～6 月。桂花、四季桂、日香桂等，花期 9～10 月。晚香玉，花期 7～11 月。瑞香，花期 3～4 月。鈴蘭，花期 6～7 月。九里香，花期 8～9 月。桂竹香，花期 4～6 月。凌霄花，花期 7～9 月。香雪蘭，花期 3～4 月。夜來香，花期 7～10 月。

35 空調室內適宜放置什麼樣的盆花？

空調室擺設的盆花，既要耐蔭，又必須特別適應空調室內的特殊環境，最好是葉面及其莖幹上覆蓋有角質層、且耐乾旱的植物種類，如龜背竹、棕竹、青紫木、蜘蛛抱蛋、琴葉樹藤、叉葉樹藤、麒麟葉、巴西鐵、紅寶石、棕櫚等。這些植物在有空調的環境中能維持較長時間的正常生長，尤以巴西鐵、一葉蘭最佳；其次，蘇鐵、橡皮樹、南洋杉、龍舌蘭、五彩鳳彩、變葉木、魚尾葵等也很不錯。

空調室內擺花應及時補充澆水和實行定期輪換調理。因為空調室內的空氣相對濕度往往較之無空調的室內更為乾燥，儘管所選的植物比較耐乾旱，但盆土極度缺水時，同樣會導致植物生長受損甚至乾旱致死，為此必須每隔1～2天給予盆土一次補充澆水，同時在葉面上噴水，以滿足其正常生長的需求。此外，上述種類的花卉擺放空調室內時，為使其生長正常、保持鮮綠和固有的色彩，達到最佳的裝飾效果，一般每隔15～30天應搬回到原來栽培的環境中養護，包括放置於陽臺上重見早晚陽光雨露，可使花達到陳列、生長兩不誤的目的。

36 郵購的花卉如何恢復元氣？

郵購花卉過恢復關，應注意從以下幾個方面入手：

一是在郵購前準確了解原產地的土壤、氣候、栽培條件，可向出售花苗者透過電話或信件了解，以使心中有數，有針對性地做好準備工作。

二是花木郵購到手後，不要認為葉片光鮮其根系就損害不大，由於相當一些花卉的葉片表面被有一層角質層，如山茶、茶梅等，水分損耗小，即使有傷損一下子也看不出來，而它的肉質細鬚根，在長達 2～10 天的郵購途中，則非常容易被損壞，甚至大傷「元氣」，特別是在密封缺氧的塑料袋裡，很容易被「捂壞」。根系損傷後短期內不容易恢復吸收功能，如果是扦插苗，可先用乾淨的涼開水噴淋一下根系和葉片，以便沖洗去其表面可能黏附的菌類和污物，並狠心一點再剪去一串甚至植株上的一大半葉片，因為短期的內根系不易恢復吸收功能，刪剪去一些葉片利多弊少，再選用乾淨疏鬆的培養土栽種。栽培基質可用蛭石、珍珠岩和培養土混合配製，切忌栽培基質過分潮濕，否則極易造成爛根。

三是要給栽好的苗子，覆蓋塑料薄膜一段時間，這對植株的恢復很有必要；如果栽好後隨即敞開養護，葉面很容易因空氣濕度不夠而乾枯；也可將新上盆的盆栽植株搬放到塑料大棚內。但同時必須給予通風透氣和散射光照，使其逐漸適應引種地新的環境條件。四是對植株經常給予噴霧供水，盡量不澆水，多噴霧，這樣可促使其加快恢復生機；約於 1～2 個月後，方可施以薄肥，切不可操之過急，如此，才能逐步恢復生機。

37 不同花卉之間有相剋相生現象嗎？

植物他感作用對自然的生態系統有重大的影響，有些植物種類能夠「和平相處，共存共榮」，有些植物種類則「以強凌弱、水火不容」，在花卉栽培和養護中，如何趨生避剋、就利去害，確實應引起重視。有些植物之間，由於種類不同，習性

各異，在其生長過程中，為了爭奪營養空間，從葉面或根系分泌出對其他植物有殺傷作用的有毒物質，致使其與鄰近的他種植物「結怨成傷、你傷我活」。如胡桃的根系能分泌出一種叫胡桃醌的物質，在土壤中水解氧化後，具有極大的毒性，能造成松樹、蘋果、馬鈴薯、西紅柿、樺木及多種草木植物受害或致死。

有些植物之間，由於種類不同、習性互補，葉片或根系的分泌物可互為利用，從而使它們能「互惠互利、和諧相處」。如在葡萄園裡栽種紫羅蘭，結出的葡萄果實品質更好，大豆與篦麻混栽，危害大豆的金龜子會被篦麻的氣味驅走。

當然，盆花的種植蒔養，由於不種在同一盆鉢中，因此可以不考慮根系分泌物的影響，只須考慮葉子或花朵、果實分泌物對放在同一室內空間的其他花卉的影響。如丁香和鈴蘭不能放在一起，否則丁香花會迅速萎蔫，即使相距 20 公分，如把鈴蘭移開了，丁香就會恢復原狀；鈴蘭也不能與水仙花放在一起，否則會兩敗俱傷，鈴蘭的「脾氣」特別不好，幾乎跟其他一切花卉都不夠「友善」。丁香的香味對水仙花不利，甚至會危及水仙的生命；丁香、紫羅蘭、鬱金香和毋忘我切莫種養在一起或插在同一花瓶內，否則彼此都會受害。此外，丁香、薄荷、月桂能分泌大量芳香物質，對相鄰植物的生理有抑制作用，最好不要與其他盆花長時間擺放一塊。檜柏的揮發性油類含有醚和三氯四烷，會使其他花卉植物的呼吸減緩、停止生長，呈中毒現象。檜柏與梨、海棠等花木也不擺在一塊，否則易使其「患上」鏽病。再則，成熟的蘋果、香蕉等，最好也不要與含苞待放或正在開放的盆花（或插花）放在同一房間內，否則果實產生的某種氣體也會使盆花早謝，縮短觀賞時間。

基礎篇

能夠友好相處的花卉種類則有：百合與玫瑰種養或瓶插在一起，比它們單獨放置會開得更好。花期僅一天的旱金蓮如與柏樹放在一起，花期可延長至 3 天。山茶花、茶梅、紅花油茶等，與山蒼子擺放一起，可明顯減少霉污病。

38 如何用毒簽防治盆栽花木的蛀幹性害蟲？

蛀幹性害蟲是為害盆栽花木、果木的致命大敵。雖然人們經過葉面噴藥、樹幹塗藥、鑽孔注藥等方法能夠殺死一些蛀幹性害蟲，但由於木本植物輸導組織的特殊性，藥物很難均勻擴散到木質部的每一個部位。常用的金屬絲掏刺，電擊殺傷，其效果也不盡人意。這裡介紹一種用毒簽堵殺蛀幹性害蟲的簡易方法。

毒簽的製作：先削製竹簽，將老熟毛竹的節間，截成 6～7 公分的長段，剖開後削成一端尖，直徑為 0.1～0.15 公分左右的圓形小竹簽，也可直接購買竹簽。然後將 192 克桃膠、120 克磷化鋅（俗稱老鼠藥）加適量的水配成溶膠狀；再將竹簽的尖端插入溶液中，深度為 1 公分，隨即取出尖端朝上插入沙盤內風乾；待曬乾後復插入草酸與桃膠混合後配製成的溶液中（配方：草酸 2 份、桃膠 2 份，加水適量配成稀糊狀），沾蘸深度與上次相同，取出後再插入沙盤中，稍待風乾即可裝備用。

毒簽的使用：當蛀幹性害蟲幼蟲期蛀食盆栽花木木質部分並伴有蟲糞從蟲道中排出時，可根據蟲洞的大小，選擇粗細不等的毒簽，將其尖端從蟲孔插入蟲洞中，插不進去的部分可折斷，最好再用濕泥巴或膠布堵住蟲口；當毒簽先端的磷化鋅與草酸遇到水後就會產生劇毒的磷化鋅氣體，緩緩在蟲道中向上

擴散蔓延，直至樹體內的害蟲中毒死亡為止。

毒簽防治的害蟲種類：利用毒簽可防治多種花木的許多種蛀幹性害蟲。如危害羅漢松、檜柏、翠柏的雙條杉天牛，危害桃、榆葉梅、梅花的桃紅頸天牛，危害櫸榆、五角楓的光肩天牛，危害榆、梅、山茶、月季、玫瑰、薔薇的星天牛等。

應用毒簽防治蛀幹性害蟲，簡便易行，蟲口可借桃膠以癒合，不影響盆景植物幹枝的觀賞，且有利於蟲株長勢的儘快恢復。它不同於葉面噴灑內吸劑農藥，不會產生污染，非常適用於室內和公共場所蛀幹性害蟲的防治。此法殺蟲部位準確，不會對植株的其他部分產生不良的影響。毒簽對殺死闊葉花木的蛀幹性害蟲最為理想。

39 白粉虱怎樣防治？

粉虱可危害多種草本和木本花卉，如紫薇、夜來香、天竺葵、一串紅、大麗花、瓜葉菊、杜鵑、佛手、梔子、五色梅、桃花、櫻花、月季、倒掛金鐘、桂花、菊花、馬蹄蓮、茉莉、一品紅、常春藤、鳳仙花、牡丹、牽牛、石榴、夾竹桃等。它的成蟲和若蟲以口器在葉背刺入葉肉吸食汁液，致使葉片捲曲、褪綠發黃，甚至乾枯；並排出大量的蜜露，污染莖葉，引發令人討厭的煤污病，影響花卉的生長和開花。

常見的白粉虱一年發生四代，以老熟幼蟲植株葉背越冬，各代成蟲分別在 4 月初、6 月中旬至 7 月中旬、8 月中旬至 9 月中上旬、9 月下旬至 10 月中旬發生。成蟲白天活動，群集在新葉上，有趨光性；卵產在葉下，每一雌蟲產卵 20 餘粒，亦可孤雌生殖，但均係雄性幼蟲；初孵幼蟲寄生於葉背，稍能移動，

不久即行固定。

防治方法：①合理修剪疏枝，可降低蟲口密度。②藥物防治，最好在成蟲羽化或蟲卵剛孵化時進行，防治效果較好。首選農藥為撲虱靈，可用 25％的可濕性粉劑 1500～2000 倍液進行噴霧，以後視蟲情隔 15 天再噴 1 次，效果比較理想。也可用 40％的氧化樂果乳劑 1000～1500 倍液噴灑。還可用 2.5％的天王星乳油（主要含聯苯菊酯）100～160 毫升兌水噴霧，對粉虱有較強的擊倒殺傷作用。

40 怎樣防治紅蜘蛛危害？

在夏季高溫乾旱的情況下，如果植株葉片出現褪綠花紋，可以初步診斷有紅蜘蛛危害。此時，用手翻開葉片，用手指抹一下葉背，有紅色「血液」，就可以肯定是紅蜘蛛危害。

救治的辦法是：對於輕度危害的植株，可增加澆水抗旱，多灑水洗葉片，並加強通風，時間久了症狀即會消失。但危害嚴重時，植物表皮變成黃褐色斑，必須噴 25％的倍樂霸可濕性粉劑 1500 倍液進行防治。

花卉專家門診

個案篇

■280 個病診斷 DIY

1　鬱金香為何莖短花小？

　　家庭栽培的鬱金香，通常表現為莖短花小，質量不如花市上出售的好，其主要原因：

　　一是遺傳基礎不同的品種，其花莖的長短、花徑的大小差異較大。

　　二是連續2～3年栽培使品種退化。由於栽培環境與鬱金香原產地的生態條件差異較大，特別是夏季氣溫偏高、生長期施肥不合理等因素，均易使種球退化，一般商品種球在沒有採取相應的復壯措施的情況下，只能栽種1～2年。

　　三是種球貯藏時的溫度過高，造成內部營養的大量消耗，花芽分化又沒有與之相適應的溫、濕度（即涼爽乾燥）條件，這是造成鬱金香莖短花小的最根本原因。而市售的盆栽鬱金香，多用一次性商品種球，均為大個頭、養分積蓄充分的碩大鱗莖，加之水肥管理得當，必然是葉茂、莖高、花大。

　　鬱金香原產伊朗和土耳其等高山地帶，屬於地中海氣候型花卉，適應於冬季濕冷、夏季涼爽和稍乾燥的生態環境。它夏季休眠，秋冬季生根並萌發新芽，但不出土，需經冬季低溫，到了第二年2月的氣溫達5～20℃時才生長出土；種球貯藏期間的花芽分化適溫為20～25℃，最高不得超過28℃；根系受傷後不能再生，因此，鬱金香植株忌移栽。

　　家庭盆栽可在9月下旬或10月上旬進行。盆栽宜選用矮型品種，可用深筒盆，以利於其根系的生長發育。盆土可用腐葉土7份、沙2份、腐熟餅肥或廄肥1份，均勻混合後配製。栽

種前，先將鱗莖外面的一層褐色膜質表皮撕去，再用 0.1% 的多菌靈或代森鋅液消毒後，方可種植入盆。一般一個口徑 20 公分（6 寸）的花盆，可栽種直徑 3 公分以上的商品種球 2～3 個。然後澆透水，將其置於光照充足處，盆土乾後即澆水，但不可過多，以防盆土過濕而導致種球腐爛。

上凍前移入冷室內，室溫保持在 0℃ 以上。早春 2～3 月即可抽芽出土，再將其搬到室外陽光下，每隔 10 天追施一次稀薄的餅肥水；孕蕾到開花前，追施 1～2 次速效磷鉀肥，如 0.3% 的磷酸二氫鉀溶液，不僅有利於花朵的孕育開放，而且對種球留種至關重要；生長期內始終保護盆土濕潤狀態，4 月即可開花。如果是為了促成其在元旦或春節期間開花，可將盆栽商品種球置於室外冷涼處，盆土保持不乾不濕，直到計劃觀花期前 1～2 個月，再將其移到 5～7℃ 的溫度條件下，如塑料棚中，出葉後改移至氣溫 15～18℃ 且光線充足處，增施水肥，即可如期開花。

對準備保留種球的植株，可在花苞尚未開放前及早連花莛一併摘去，然後每隔半月追施一次磷鉀肥，這樣不僅可減少植株的養分消耗，還可促成子球長得大而多，使其符合種球的標準。待到其莖葉開始枯黃，停止澆水施肥；莖葉約有 1／2 枯黃時，即可挖出鱗莖，稍加攤晾後，可用 0.1% 的高錳酸鉀或 0.1% 多菌靈消毒 20 分鐘，稍晾後再將其攤放在籬筐中，擱放於乾燥涼爽處貯藏。貯藏期間應維持不高於 20℃ 的室溫，經常檢查並剔除帶病的鱗莖予以銷毀。到了 9 月初貯藏的鱗莖便可完成花芽分化，這時可轉入冷室中進行低溫處理，前一階段可維持 9℃，後一個月轉入 5℃，共處理 60～80 天，才能保證其可正常開花。經過低溫處理的鱗莖，適時進行促成栽培，從栽

種到開花一般只要 50～60 天時間。

2 爲什麼鬱金香種球會退化？

鬱金香在栽培過程中經常會出現種球退化現象。主要原因有以下幾方面：

(1)**連作重茬**：如果長年在同一塊地上栽種鬱金香，會造成鬱金香種球退化。因爲連作會使某些營養元素供應不足，影響鱗莖生長發育，而且土壤中的病菌易侵染新植株，引起疫病、灰霉病等病害。鱗莖受害後造成植株矮化、葉片腐爛、花朵變形或枯萎。因此，鬱金香地栽最多連續兩年，盆栽宜每年換一次土。

(2)**病毒病**：病毒病是使鬱金香種質退化的又一主要原因。爲害鬱金香的病毒種類較多，常見的有花葉病毒和碎色病毒兩種。受害後植株長勢不良，葉、花的觀賞價值下降，同時鱗莖數量減少。若發現病株，應及時拔除並燒毀，以防傳染。

(3)**肥水不當**：鬱金香生長發育期應追施磷鉀肥，若施肥不當，也會引起種球退化。

(4)**氣候不適**：由於中國的氣候條件與鬱金香原產地不一樣，故而導致種球退化。

鬱金香復壯多在海拔 800～1000 公尺的山地，其冷涼的氣候條件適合鬱金香鱗莖的生長發育及越夏貯藏。

3 爲什麼番紅花開花不旺？

番紅花，即藏紅花，在南方地區無論地栽或盆栽，常發生

開花不旺的現象，究其原因主要與其生態習性有關。番紅花性喜冷涼、濕潤，耐半陰，喜光線，怕酷熱，較耐寒，冬季幼苗期能耐 –10℃ 的低溫；忌雨澇積水，喜排水暢通、疏鬆肥沃、腐殖質豐富的沙質土；生長適溫為 15～25℃，花期適溫 15～20℃，夏季休眠；入秋後種植，深秋開花，花期為 10～11 月，至第二年的 4～5 月份地上部分枯萎，整個生育期約為 210 天左右。為使其能多開花、開好花，栽培用地要求地勢高燥、陽光充足、疏鬆肥沃，栽種前應施入漚透的有機肥，種類如餅肥、廄肥、火燒土、草木灰、雞鴨糞等，還應施入一些過磷酸鈣；種球必須選擇個頭大而飽滿、沒有霉爛病斑的健壯大球，栽種的株行距為 10 公分×15 公分，栽種深度約為 5 公分；從其生根抽葉後，可每隔 10 天追施一次氮、磷均衡的稀薄液態肥，如漚透的餅肥液中加入適量的磷酸二氫鉀，直至花莛抽出、花苞現色時為止。切忌氮肥過多、過濃，否則會造成葉片徒長，影響花芽的生長。為確保植株能開花多而旺，當發現植株上側芽太多時，可將部分小芽掰去，以保證主芽能多開花、開大花。

在番紅花的生長發育過程中，一定要及時排去積水，特別是秋雨綿綿的季節更不能忽視，否則很容易因苗床的積水而致使球莖腐爛，造成不應有的經濟損失；若遇秋旱，還應給苗床鬆土澆水，保持土壤濕潤為宜。10 月開花後，應再追施 1～2 次氮、磷、鉀均衡的速效肥，以利於球莖的生長發育，使球莖能為來年多開花、開好花貯藏足夠的養分。

4　北方養好文殊蘭要注意什麼？

文殊蘭原產亞洲熱帶地區，因不耐寒，北方均做盆栽觀

賞。在北方雖然能開花，但結籽卻有困難，一般採取莖基部蘖生幼苗分栽繁殖。喜溫暖潮濕氣候，耐鹽鹼土壤，夏季忌烈日暴曬。

　　文殊蘭管理粗放，盆栽開始時小苗生長很快，應在四個月左右換一次大一號的花盆，以滿足生長的需要。大株每盆一株，可多年不用換盆。在北方 5～10 月是其生長旺期，應每天澆一次水，每週施一次肥。盛夏炎熱是百花稀少之時，6～9 月是其開花期，也是人們喜愛文殊蘭的原因之一。入秋後減少澆水，鱗莖進入休眠期停施肥水。冬天要在室內有陽光處養護，以防凍害。冬天少澆水，要防爛根。文殊蘭沒有南方觀葉花卉那樣嬌貴，若管理好一年可開三次花。文殊蘭的養護需注意以下幾方面：

　　(1)光照：文殊蘭喜歡溫暖而充足的陽光，在光照充足的條件下生長繁茂，開花良好。若光線不足或過強都會影響其生長和開花。夏季忌烈日暴曬，入夏後應將盆花移入蔭棚下養護，還應經常地向地面灑水降溫。

　　(2)水肥管理：文殊蘭根系強健，吸收水肥的能力較強，栽種後需充分澆水，生長期要保持土壤濕潤，勤施薄肥。春季以氮肥為主，花前追施富含磷鉀元素的液肥，秋季施腐熟餅肥，這樣可使其生長旺盛，開花繁茂。注意施肥時不要將肥液澆在葉叢中。花謝後剪去花梗，以促進鱗莖發育，夏季可定期向植株四周噴水，以保持較大的空氣濕度，但雨後需防澇，因為積水會造成鱗莖腐爛。冬季休眠期宜半月左右澆一次水，保持盆土偏乾即可。

　　(3)保溫：文殊蘭不耐寒，生長適溫為 13～21℃，北方地區 10 月上中旬需移入室內向陽處，室溫保持在 8～10℃即可安

全度過休眠期。若冬季室溫在 15℃ 以上，則可繼續開花。

　　常用播種和分株繁殖。播種以春季為好，種子大，用淺盆點播。播後 2 週發芽，播種繁殖需養護 3～4 年才能開花。分株繁殖於 3～4 月結合換盆進行，將母株周圍的子鱗莖剝下栽種，栽植深度以不見鱗莖為好。

5　球根海棠爲何葉片易捲曲？

　　球根海棠是用原產於南美洲山區的野生親本人工雜交培育出來的雜交種，喜涼爽、濕潤和半陰的環境。它對環境的變化，特別是光照和溫度的急劇變化十分敏感。盆栽的球根秋海棠常在 7～8 月間出現葉片捲曲成筒狀的異常現象，其根本原因就在於我國部分地區夏季光照過強，從而導致其葉片增厚、捲縮，甚至有可能連葉色也變成紫色、花朵萎縮不能展開或呈半開狀。此外，還與氣溫過高、濕度過低有關。

　　球根海棠的生長適溫 15～25℃，不耐高溫。當氣溫超過 30℃ 以上時，莖葉枯萎，花蕾脫落；氣溫超過 35℃ 以上，地上部分和地下塊莖會出現腐爛壞死。它又屬於長日照開花、短日照休眠型植物，特別是正在開花的盆栽植株，既不能放在光線陰暗的室內，也不能放在有陽光直射的陽臺上。

　　盆栽球根海棠的用土，可用 5 份腐葉土、3 份園土、2 份河沙配製而成，另外加少量骨粉或漚透的餅肥末作基肥。春季栽植塊莖，發芽後放於室外半陰處養護，入夏後移入通風遮蔭處，也可放在室內通風向陽的地方，防止強光直射。它為淺根性植物，在萌芽期少澆水，以保持盆土微濕為度，可預防爛根；生長旺期要保持盆土濕潤，夏季要經常噴水以增加空氣濕

度，花期少澆水使盆土處於半乾狀態，深秋葉片枯黃後要控制澆水使其順利進入休眠狀態，冬季因植株處於休眠中更應少澆水使盆土偏乾。

球根貯藏以5～8℃的室內最適宜。它比較肥，生長期可每隔10天施一次漚透的稀薄餅肥水，現蕾後追肥2～3次0.3%的磷酸二氫鉀溶液，可促使花大色艷；炎熱夏季的氣溫高於30℃時，要停止施肥；秋末當氣溫低於5℃時，球根海棠即進入休眠狀態，此時可將地上部分剪去，挖出球根，稍攤晾後置於冷室內（最低不低於2℃）沙藏越冬。

6 怎樣促使球根海棠多開花？

家庭種養球根海棠，採用扦插法繁殖。6～7月，剪取生長健壯帶頂芽的莖端，長度約10公分，摘去下部的葉片，稍加攤晾後插入裝有素沙的大花盆中，用水壺噴水後，覆塑料薄膜保濕；然後將其擱放於涼爽且有較好散射光的場所；維持20～25℃左右的適宜溫度，每天打開塑料薄膜1次，給予通風透氣，並補充噴霧，20天後即可癒合生根，30天後便能分栽上盆。

為了促使其幾個莖端同時開花，可將整個植株中的最為旺盛的數個梢端掐去，一經打破頂端優勢，在其下部即可萌發出較多的側梢；待其創口收乾後再給予噴水和澆施薄肥。因為它是長日照花卉，每天應給予較長時間的散射光，並應經常給盆株鬆土，多噴水，少澆水，既要避免盆土過乾，又要防止過濕，同時向植株周圍噴水，借以增濕降溫。生長季節每隔10天澆施或噴施一次0.2%的磷酸二氫鉀與0.1%的尿素混合液，可

促成植株葉片增綠，花量增多，花色更艷。

7　香雪蘭花是否會變色？

香雪蘭，原名小蒼蘭，又名香素蘭、小菖蘭、洋晚香蘭、洋玉簪，為鳶尾科香雪蘭屬多年生球根草本花卉。由小蒼蘭與紅花小蒼蘭雜交而育成，因而其學名為 *Freesiaxhyhbrida*。

栽培的香雪蘭出現花色的變化，可能與購買的是雜交種子培育出的商品種球有關。這類種球有一些子球開花的顏色與親本之一的小蒼蘭花色相同或相近，呈黃綠色至鮮黃色；而另外一些子球的花色則與其他一個親本紅花小蒼蘭的花色相同或相近，呈桃紅色或粉紅色；此外，其雜交種子培育的子球中，還可能出現一些介於父本、母本顏色之間的花色性狀，如白色、玫紅、深紅、紫紅、雪青、藍紫、淡黃、深黃等顏色。但由同一母球分出來的子球，其花色應該是一致的，不會出現明顯的花色性狀分離現象。

由於香雪蘭為雜交種，又經長期的栽培篩選，品種較多，變異類型不少，除了花色變異外，花期變異也很明顯，有早花、晚花等品種，自春至夏，都有開放。

8　風信子可以水養嗎？

風信子又名洋水仙、五色水仙，其花色五彩繽紛、艷麗奪目，又清香宜人，既適合盆栽，又適應水養，近年來深受人們喜愛。

水養未經人工低溫處理的風信子可在 11 月初進行，應選用

特製的玻璃瓶，瓶內裝水。然後選大而充實的鱗莖直立於瓶口處，不使其有空隙，基部少量或不浸入水中。先放於冷涼的暗處（最好用黑布將瓶子罩上）促其發根，待發根後再移至半陰處養護。在室溫 18～20℃ 條件下，3 月初開花。水養期過晚，會出現葉片短縮、花序發育不良的現象。

經過人工低溫處理的種球，水養期可提前或推遲；如溫度適宜，水養後 6～8 週可見花。

水養期間應 2～3 天換一次水（水溫 20℃ 左右的自來水），經常保持淺水層。為防止水質變質可加 1～2 塊小木炭防腐。換水時從容器邊緣緩緩注入，不能將根拔起，以防鱗莖移動將根折斷，影響生長。

水養期主要依靠鱗莖貯藏的養分生長，一般不必追肥。如欲改善營養條件，促進鱗莖後期發育，可適當增施復合型化肥，濃度應嚴格控制在 1%～2% 左右。花謝後將鱗莖栽種在土壤中，待葉片枯死後再取出放陰涼處貯存。

9　大麗花塊根繁殖如何進行？

大麗花株形高大、花姿多變、花色艷麗、氣質典雅，是布置花壇、花境、庭院及盆栽的重要球根花卉，也是鮮切花的上好材料。觀賞價值高的重瓣大麗花因極難獲得種子，故生產上多用其紡錘狀塊根進行繁殖。

冬季貯藏：在比較寒冷的地區，如果大麗花肉質塊根不掘起貯藏於室內，極易造成塊根受凍腐爛。通常於秋末冬初，當其地上部分枯萎時，將塊根掘起，在離莖稈基部 5～8 公分處剪斷，切不可傷及塊根上端的蘆頭。攤晾 3～5 天，注意不可凍，

待塊根略微發軟時，方可將其收放在室內的泥土地面上，塊根端部朝上站立，成單層排列整齊，再用微帶潮氣的沙土蓋好；受傷的塊根要在創口上抹些木炭粉或乾淨的草木灰，以防腐爛；冬季室內溫度保持在 3～5℃為宜。貯藏用的沙土不能太乾，以免芽眼乾枯；也不能過潮，以免發生腐爛。在貯藏期間，如發現有霉爛的塊根，要及時剔除。

早春囤芽：經冬藏的大麗花塊根，翌春 2 月將其置於溫室內或露地的腐殖土上，大叢塊根每隔一定的間距排好，上覆濕沙或腐葉土，僅留根頸於土外，室外囤芽還要加蓋塑料薄膜保濕防寒，每天噴水，15 天後即可發芽。待蘆頭上的芽長至 2～3公分時，便可進行分割栽種。

分割定植：經囤芽後的大麗花塊根叢，其蘆頭上長有較多的嫩芽，用鋒利的刀具將塊根從根頸處分割開，使每一個塊根帶有 1～3 個芽，定植於花壇或花境內，也可用於盆栽；一般每穴栽 1～3 個塊根，覆土時應將蘆頭上的芽露於土外；若遇「倒春寒」吹襲，可於定植穴上加蓋稻草防寒，以防塊根及嫩芽受害。

10 怎樣使大麗花花大色艷？

大麗花在生長過程中有如下四個特性，只要栽培中掌握了這四個特點，就能使您的大麗花花大色艷。

(1) 喜涼爽，怕炎熱：大麗花的生長適溫為 15～25℃。在超過 30℃的高溫季節，植株生長停滯，處於半休眠狀態；秋季涼爽時節，則繁花似錦。大麗花不耐霜，霜打後莖葉立即枯萎。

(2)喜陽光，怕蔭蔽：大麗花喜充足陽光，除炎夏中午需適當遮蔭外，其他季節均應以予充足的光照，每天最好能見光10～12小時。如果長期光照不足，就會出現花小色淡現象。

(3)喜濕潤，怕水澇：大麗花既不耐乾旱，也怕水澇，若供水不足則易萎蔫，故應保持盆土濕潤。但若澆水過多，排水不暢，則易導致爛根，造成植株死亡。早上澆水以保持嫩葉、嫩梢能自然舒展為度。切忌傍晚多澆水，否則會引起植株徒長。

(4)喜肥沃，怕瘠薄：大麗花植株高大，花期長，喜疏鬆、肥沃、排水良好的沙壤土，除栽種時需施足底肥外，生長期間還要經常施稀薄肥水，並逐漸加大施肥濃度，但也不能濃度過大，以免「燒根」。生長前期施以速效氮肥；生長期間控水控氮肥，增施磷鉀肥，可使大麗花株矮、莖粗、花大。後期用根外追肥法向葉面噴施 0.2%的磷酸二氫鉀水溶液，即能控制株高。

11 盆栽大麗花怎樣矮化？

大麗花植株高大，要使盆栽大麗花植株矮化，花朵豐滿，可採取以下措施：

(1)含蕾枝條扦插：選取大麗花母株生長的腋芽或含蕾枝扦插，能有效控制株高。具體方法是：

選擇長約 12～15 公分的幼芽，從節下約 1 公分處用利刀切下，剪去莖部葉片，切口塗草木灰防腐，然後插入沙盤內，澆透水，放背陰處。每天噴水 1～2 次，約 10 天之後移至半陰處，20 天左右即可生根。根長約 3～4 公分時上盆栽植，開始澆水不宜過多，需經常向葉面灑水，約每 7～10 天施一次稀薄

個案篇

餅肥水，直至第一朵花破綻為止。兩個月之後，便可育出株高約30～35公分左右、花朵豐滿的大麗花。

(2)控水控肥：在生長期間控水控氮肥，增施磷鉀肥，可使大麗花株矮、莖粗、花大。切忌傍晚多澆水，否則會引起植株徒長。早上澆水以保持嫩葉、嫩梢能自然舒展為度。施肥不可過多，生長前期施以速效氮肥，後期用根外追肥法向葉面噴施0.2％的磷酸二氫鉀水溶液，即能控制株高。

(3)適時摘心：當幼苗長到6～8公分時即進行第一次摘心，使主枝留4片葉，側枝長出後留2片葉再摘心。以後根據需要適當摘心，並隨時抹去葉芽。

(4)藥劑抑制：使用矮壯素、多效唑等生長延緩劑，也可使植株矮化，但要注意用藥濃度，以免造成藥害。

12 怎樣使大麗花不「頭重腳輕」？

首先要選栽矮生品種。於4～6月，剪取矮生品種的嫩梢扦插育苗，這是使盆栽大麗花矮化的內在遺傳因素。也可選取母株的腋芽或有蕾的枝條扦插，可限制植株的高度。

其次要適時換盆。一般應在幼苗長有2～3片新葉、苗高15～20公分和20～25公分時分別進行換盆。結合換盆，適當剪掉一些根鬚，但不可使盆土鬆散。這樣，由控制根系生長來達到減緩地上部生長的目的。

三要及時摘心。當幼苗高約8公分時，留4片葉進行摘心，以促生分枝，控制長高。待分枝葉腋再生二次分枝時，須及時抹芽，培養成為四本大麗花，花期每枝開一朵花，共開4朵花。如欲培養獨本大麗花時不可摘心，而用緩摘側芽或疏側

枝法緩解長高。

四要控制澆水，防止淋雨，做到不乾不澆，澆則澆透。對夏季中午出現的短暫萎蔫可不澆水。

五要看葉施肥。大麗花最後換盆定枝時，盆底應先放一層粗沙作排水層。大麗花生長過程中，如葉色濃綠、植株長勢良好的可不施肥；葉色淺、葉片薄時應及時施肥。一般營養生長期宜施稀薄液肥，現蕾後葉面噴1～2次低濃度的磷酸二氫鉀液，每枝保留一個最好的頂蕾，其餘花蕾摘除，以集中營養，使開花艷麗、碩大。另外，大麗花莖杆質脆中空，高至30公分時需立支柱，以防倒伏。

13 唐菖蒲、百合種球如何貯藏？

待唐菖蒲的地上部分發枯後及時將其掘起，將種球上的莖葉捆紮成束，吊掛曬乾後剪去莖葉，挑去破損的子球，將大小種球分級，分別用布袋裝好，垂掛於室內通風處，也可用蛇皮袋裝好放在室內，注意室溫保持不低於0℃。在種球乾藏過程中，應經常打開布袋檢查，發現有霉爛的種球，要及時挑出，以防感染其他健康的種球。於冬季將地塊深翻後施足基肥，3～4月再整地作床，按常規方法下地栽種即可。因為唐菖蒲有2個多月的休眠期，為了打破休眠，「催醒」唐菖蒲種球，可將直徑2～3公分的種球先放在0℃左右的條件下20天，再放在30℃的條件下20天，即可打破休眠。

為了減少栽後病蟲害發生，播種前可用50%的多菌靈可濕性粉劑配成0.5%的溶液，浸泡15分鐘，再用清水稍加沖洗，即可定植。秋冬季應在大棚中定植，以防發生凍害。

百合植株開花後，待莖葉大部分轉黃乾枯時，掘起鱗莖，按直徑的大小進行分級，用50%的苯來特可濕性粉劑500倍液浸泡10分鐘，撈出曬乾，以芽朝上、基部坐地裝箱後置於乾燥避光、通風涼爽處貯存。

也可貯藏於濕潤的素沙中，春天再下地栽種。為了全年供應切花，對所用鱗莖需進行「催醒」處理，如新收的百合鱗莖必須於栽種前進行冷藏處理，通常用1～4℃的低溫維持2個月，並保護好其新鮮肥壯的根系。

再如常用的麝香百合種球，若基部尚未出現根尖就實施「催醒」處理，可用40℃的溫水浸泡一個小時，即可打破休眠。栽種百合忌連作，圍地栽種前應用甲醛溶液薰蒸處理，殺蟲滅菌。秋冬季栽培應在大棚中進行。

14 仙客來怎樣安全度夏？

仙客來花形奇特，絢麗多彩，花期長，頗受人們喜愛。但仙客來怕夏季高溫，生長適溫為15～25℃，夏季28℃以上開始休眠，35℃以上易受熱而腐爛，怎樣才能讓仙客來安全度夏呢？

當年生的小苗，生長旺盛，夏季休眠傾向弱。為使其繼續生長，入夏前就要加強肥水管理，培育壯苗。入夏後宜採取噴水、遮蔭等降溫措施使其繼續生長。一般從5月下旬開始將新苗移至通風涼爽而又避雨的地方，使其接受散射光照。中午前後向葉面及地面噴水降溫。此時應停止施肥、控制澆水。待天氣轉涼後再加強水肥管理，增加光照，促使塊莖和葉片健壯生長，當年11～12月份可開花。

開了花的仙客來在開花結束後，應逐漸減少澆水，使盆土乾燥，葉片乾枯時將枯葉除去。立夏後應把盆放在室內無陽光照射又淋不到雨的通風、陰涼之處，否則易引起爛根或爛球。也不可過乾而使球莖失水萎蔫，應每隔一個時期用澆水壺稍噴些水。從5月中下旬開始逐漸減少澆水，停止施肥，並注意通風，天氣炎熱時要噴水降溫，盆土應做到寧乾勿濕，否則易致球莖腐爛。8月下旬氣溫開始下降時少量澆水，待芽開始萌發時，可以進行翻盆。同時加強肥水管理，增加光照，以利花芽形成，則春節前後便能陸續開花。

15　如何挑選滿意的水仙球？

　　水仙球的質量好，水仙開花就好，但是，如何挑選好的水仙球呢？

　　(1)問裝：「裝」是指水仙鱗莖球的包裝，漳州水仙球的大小是按「裝」計算的。直徑為8公分以上的為一級，每箱裝20球，叫「20裝」；直徑為6～7公分為二級品，每箱裝30球，叫「30裝」，此外還有40裝、50裝等不同的規格。一般來說水仙球越大，開花數量就越多。

　　(2)量周長：是指用皮尺量水仙球主球周圍的長度大小，一般20裝的主球周圍長為25～35公分，50裝的僅19～20公分。

　　(3)看形：優質水仙球外形扁或呈扇形，表面的縱脈條紋距離較寬，中層皮膜繃得緊，頂芽外露而飽滿，基部鱗莖盤寬而肥厚，下凹較深，同時在鱗莖兩側生有一對對稱的小鱗莖。大球旁的小鱗球越多則主球花芽越多，兩側沒有生小鱗莖的水仙

球不夠成熟，日後開花少，甚至不開花。主鱗莖長圓、形態瘦小、頸部鬆軟的，往往花少葉多，或是不開花。因此應選健壯飽滿而呈扁圓型花球。

(4)觀色：水仙球色彩要鮮明，外層膜成深褐色，包膜完整，鱗皮縱紋距離寬為優；外皮淺褐色的鱗莖大多不夠成熟，開花少或不能開花。

(5)按壓：用拇指和食指捏住水仙球前後兩側稍用力按壓，內部具有柱狀物，且有堅實彈性感的就是花芽。花球堅實，有一定重量，用手指輕按有實感的，這樣說明花球貯藏了較多養分，日後定能開花。若感覺鬆軟，無彈性，裡面有扁形物的則是葉芽，將來難以開花。

16 怎樣使水仙在春節開花？

水仙在春節開花，可增添不少節日氣氛。要使水仙恰好在春節開花，就要掌握水仙生長期及其與氣溫關係的規律。水仙花球從入水到開花，南方一般在春節前 30 天、北方一般在春節前 40 天左右開始水養。提前或推後開花，主要受溫度影響。

水養前要先剝去鱗莖上棕褐色外皮，刮去莖部的枯根，然後在球莖中心兩側自上而下直接縱切一刀，長約 2～3 公分，不能傷及葉芽。

切後將鱗莖放清水中浸泡一晝夜，擦去切口黏液，然後將鱗莖直立於無排水孔的淺盤內，用水卵石固定，加入清水，水深以浸沒鱗莖底部為宜。

將其放於室內陽光充足處養護，室溫保持在 10～15℃，每 2 天換一次水。若傍晚將水倒掉，第二天早上再補上，可抑制

花卉專家門診

葉片徒長。如果到了春節前夕尚未含苞，就要加溫或增光，除加強日照外，最好白天能換兩次20℃左右的溫水，夜間放於白熾燈泡下，以延長光照時間，直到春節前5天達到花苞飽滿脹裂，這樣就能使水仙花應節開花了。

若離春節前一週氣溫過高，水仙有提前開花跡象，則應在盤內加入冷水或冰水使其降溫，也可在夜間將水倒掉，將花鉢放在通風的陰涼之處，即可推遲花期。

若想使水仙花好，且開花時間長，可在花蕾含苞待放時，在水中加入少量0.2%磷酸二氫鉀液，開花時在水中加一點葡萄糖或食鹽。

17 盆栽水仙為何不能持續開花？

購買的水仙球，為商品種球，已經過2～3年的精心培育，其鱗莖體內積蓄有大量的養分，才能正常抽葶開花。

商品種球經過一次孕蕾開花後，已消耗了體內絕大部積累的養分，只剩下一個乾癟鬆軟的外殼，若在花後又未能及時給予補充施肥和精細管理，在短時間內很難積累有足夠的養分供給植株再次開花，需要經2年以上時間的恢復性調理，方有可能再度開花。

應於每年的端午前後，將已枯黃的地栽或盆栽水仙球取出，剪去枯黃的葉片，洗淨後曬乾收藏起來；待到霜降後再將其栽種於背風向陽、不積水處，也可用花盆盛裝肥沃的培養土栽種。

水仙性喜溫暖濕潤的氣候，生長期間喜涼爽濕潤，需充足的水肥，但忌長時間淹水，要求乾濕交替，生長後期需充分乾

燥；生長適溫為 10～20℃，能耐短時間的 0℃以下低溫；夏季氣溫高時進入休眠狀態，此時進行花芽分化；秋末氣溫下降後，又開始發芽生長。

開花期間如果溫度過高，則開花不良。水仙喜光，盆栽冬季應擱放於南向窗前；栽培宜用疏鬆肥沃、排水良好的中性或微酸性土，但也較耐鹽鹼。如此栽種、掘起反覆 2～3 年，它才能再度開花。

18 如何使唐菖蒲花開豔麗？

唐菖蒲喜溫暖，有一定的耐寒能力，不耐高溫和悶熱。栽培唐菖蒲選向陽、土層深厚、肥沃及排水良好的地方。唐菖蒲屬長日照花卉，尤其在生長過程中，需要較強的光照。特別是葉子萌發後，植株由光合作用製造養分來維持生長。花芽分化期光照不足，會導致葉同化作用產生的養分不足，使開花受到影響，所以第三片葉出現至開花應儘可能增加光照。

要使唐菖蒲花大色艷，水肥管理很重要。從栽種到出現兩片葉子時澆水不宜過多，以免植株徒長影響花芽分化。3～7 片葉時水分供應要充足，否則會影響花芽形成。從抽莖到開花期則不可缺水，宜保持土壤濕潤。花謝後以土壤稍乾為宜，以保證新球生長。9 月下旬氣溫降低後因植株生長減慢，故應控制澆水。

唐菖蒲施肥要適量，一般長出第三片葉子時開始施追肥，以後每隔 20～30 天施一次腐熟的稀薄餅肥水。要注意增施磷鉀肥，這樣可使花枝粗壯，花朵排列緊湊，花色艷麗。

19 晚香玉花蕾夏季綻不開怎麼辦？

晚香玉原產墨西哥及南美洲的熱帶高原氣候地區，其氣溫溫差較小，全年氣溫在 14～17℃，它性喜夏季涼爽、冬季溫暖的氣候環境，在夏季暑熱、白天最高溫度達 32℃以上的地區，就很不適應，有的進入半休眠狀態，有的只長葉子不開花，有的掛了花苞也開不好。

晚香玉花苞開不開，主要原因是開花期（6～7 月）的氣溫超過 30℃，這樣與其要求有一個涼爽的氣候環境大相徑庭，從而導致其有花苞綻不開。

為此，家庭盆栽應盡量避開高溫季節開花，可將花期提前或推遲。如想讓其在 5～6 月開花，可於 2 月間於室內選用疏鬆肥沃的沙質土壤栽種，晚香玉鱗莖的栽植深度以芽頂與土面平齊為度，避免購買去年已開過花的「老殘球」，否則不會開花。

栽植完成後放於室內向陽處，室溫保持 20℃以上，維持盆土濕潤，抽葉後追施 2～3 次以磷、鉀為主的液肥，但應以控水來限制其營養生長，可望於 5～6 月間見到晚香玉開花。也可於 5 月下旬到 6 月上旬栽種重達 20 克的種球，每天保持不少於 6 個小時的直射光照，加強水肥管理，可望在 8～9 月份開花。

如果是夏季購買的盆花，可將其放置在涼爽通風的環境中，維持足夠的光照，保持盆土濕潤和通透良好，在抽生花序後，施以磷鉀肥為主，如磷酸二氫鉀，濃度控制在 0.1%左右，忌澆大水和施生肥、濃肥，透過精細管理，晚香玉在夏季也是可以正常開花的。

20 晚香玉花香濃郁的要訣是什麼？

晚香玉又名夜來香、月下香，其花色潔白如玉，入夜香氣撲鼻，深受人們喜愛。

晚香玉喜溫暖濕潤、向陽的環境，不耐低溫，若經霜凍後即會枯死。

盆栽晚香玉多採用分株繁殖。於 4 月栽植，栽植前先將塊莖放在冷水中浸泡一晝夜，讓其充分吸收水分，以利發芽。因其喜肥，盆土應用疏鬆肥沃的沙壤土，並放 50 克餅肥末作基肥。

晚香玉宜淺栽，將塊莖的 2／3 埋於土中即可，這樣有利於開花。栽後放於陽光充足處，幼苗期要減少澆水進行「蹲苗」，以促進根系發育，使其健壯生長。

生長旺盛期宜勤澆水，保持盆土濕潤。追施 3～4 次液肥。在葉片長至 4 公分和 8 公分左右各追施一次氮肥；花葶抽出後增施一次磷鉀肥；花後再施一次復合液肥，以促使塊莖生長充實。每次施肥後第二天都要澆水並及時鬆土，以利肥水吸收。

晚香玉喜充足陽光，在全日照下生長最佳。忌連作，盆栽宜每年換盆換土。如此精心養護，晚香玉定能花香濃郁。

21 網球花為何開花期有短有長？

網球花一球一般只有一個花箭，一年只能開一次花，如任其自然開花，通常花期只有 7～10 天。如果將其剛綻放的植株移放到半陰涼爽處，可延長開花時間數天，但也不會超過半個

花卉專家門診

月。

網球花可透過人為措施，調控其開花時間。如若使其在9月底至10月初開花，可將冬季進入休眠狀態的盆栽種球放置於乾燥處，夏季置於半陰涼爽處，直到8月下旬方給予澆水施肥，使其花葶迅速抽生，可望於10月初前後開花。

對於已開過花的植株，花後要及時剪去殘花，加強水肥管理，到了11月份葉片開始枯黃、逐漸進入休眠狀態時，應讓盆土保持乾燥，鱗莖不必掏出，連盆一同擱放於室內，使其休眠，冬季保持不低於5～10℃的室溫。

若為露地栽培的植株，從葉枯後到入冬前，應將鱗莖挖回貯藏於室內越冬。翌年春天當氣溫達15℃左右時，再將盆中植株搬放到室外，或將收藏的鱗莖重新下地定植，強化水肥管理，於夏秋時節其種球能再度抽葶開花。

22 庫拉索蘆薈為何出現爛根爛葉？

庫拉索蘆薈是目前國內外種栽培最為廣泛的一個品種，它出現爛根爛葉的原因，可能是水澆多了，或者是盆土排水不暢，導致其先爛根後再爛葉。所以，應該根據庫拉索的生態習性來進行有針對性的養護。

庫拉索蘆薈原產於非洲和美洲的熱帶地區，性喜半陰、溫暖向陽和春夏空氣濕潤、秋冬略乾的環境，葉片厚肉質，貯有豐富的水分，抗旱能力極強，除夏天應充分供水外，其他季節要控制澆水。環境過度濕潤或盆土過濕，都容易造成根系和葉片腐爛。庫拉索蘆薈在3℃以上就能安全越冬，冬季應放在室內或塑料大棚中，維持不低於3～5℃的溫度即可。它在室內乾

燥有散射光的條件下，也能生長良好。

　　庫拉索蘆薈常用分株法繁殖。可結合換盆，脫出老株，取其周圍的幼株另行栽種。若幼株根系較少或尚無根系，可先插於素沙土中，保持稍濕潤，待其生根後再行上盆。

23 蘆薈冬季管理如何進行？

　　蘆薈為多年生常綠肉質草本植物。性強健，生長迅速，喜溫暖、濕潤和陽光充足的環境，也耐半陰，不耐寒，在 5℃ 左右停止生長，低於 0℃ 會出現凍傷。生長最適溫度 15～30℃，濕度為 45%～80%。蘆薈是喜溫植物，冬季管理需要充足光照，要求土壤不積水，空氣不過分潮濕。

　　冬季氣溫過低會出現明顯的冷害症狀，葉尖葉面出現黑色斑點。因此進入冬季後，首先將其搬入室內靠南窗可見陽光處，若溫度還低，可用塑料袋將苗與盆一同包住，注意換氣，待溫度回升再及時揭去塑料袋。

　　同時由於冬季室溫低，蘆薈生長受到抑制，澆水則要選在中午時進行，要盡量少澆水或不澆水，使盆土保持乾燥。如空氣太乾燥，可葉面噴水以提高空氣濕度。白天氣溫回升時，尤其是有太陽時宜多見太陽，以補充光照不足和取暖。

24 怎樣繁殖虎尾蘭？

　　虎尾蘭屬生性十分強健，被人們視為幾乎是不死的植物。虎尾蘭少量繁殖時可進行分株。其地下根莖粗壯，分枝力強，每個分枝上的頂芽萌發後都能抽生新葉。

97

分株時先脫盆，抖掉泥土，找出每簇葉片下面的根莖，用修枝剪把它剪下來另行栽種都能成活。成活後根莖節部的不定芽很快就能萌發而抽生新的地下根狀莖，使株叢不斷擴大，一年後新生葉叢又能布滿盆面。金邊虎尾蘭須採取分株繁殖法才能保證子株葉片同樣具有金邊的特性，如果採用葉插，其葉片的金邊會消失。

大量繁殖虎尾蘭可採葉扦插。葉插在春夏季進行，以5～6月為好，選充實肥厚的葉片作扦插材料，按5～6公分一段截斷，放在室內晾上2天。待切口乾燥後直立埋入濕潤的素沙，入土深2～3公分，放在明亮的室內養護，保持25℃以上的室溫。30天後先從切口處的髓部長出新根，然後抽生很短的地下根莖並抽生新葉，這時那段扦插的老葉並不枯萎，待新的葉叢長全後再把老葉剪掉。

除分株法和葉插繁殖外，還可結合春季翻盆換土時，將蘗芽從植株基部分離，2～3天傷口曬乾後，另行插植，經25～30天後即可發根育成新株。

25 怎樣區分栽種曇花和假曇花？

由於冬季管理不善，常常導致曇花和假曇花的死亡，那麼作為一個花卉愛好者，應該怎樣來區分和栽培曇花與假曇花呢？

曇花，學名 *Epiphyllum oxypetalum*，別名「月下美人」，為仙人掌科曇花屬多年生半灌木狀多漿植物，原產墨西哥及加勒比海沿岸地區的熱帶雨林中，株高2～3公尺，主莖基部木質化，圓筒形；分枝呈扁平葉狀，多具2棱，少具3翅，邊緣具

波狀圓齒，刺座生於圓齒缺刻處；幼枝有毛狀刺，老枝無刺。夏秋季於晚間開大型白色花，花漏斗狀，有芳香；因其每朵花的開放時間僅為 2～3 小時，故有「曇花一現」之稱。其漿果紅色，種子黑色。生長適溫為 13～20℃，越冬最低溫度不得低於 0℃，夏季忌烈日暴曬，多用扦插法繁殖。

假曇花，學名 *Rhipsalidopsis gaertner*，別名連葉仙人掌、頂毛爪，為原產巴西的仙人掌科假曇花屬多年生肉質植物。它株高 15～20 公分，多分枝，葉已退化，枝節呈莖節狀懸垂。莖橢圓形，扁平、節狀，青綠色，節側圓波狀或缺刻，圓齒腋部具短毛或少許黃色剛毛，與仙人指外形很相似，故又稱「螃蟹花」。花筒短，花徑 6～8 公分；花瓣伸展較廣，是標準的輻射狀花，橙紅而鮮麗，通常在 3～4 月開花，正值歐美國家的復活節，故又被稱作「復活節仙人掌」。果實具 5 棱，長約 1.5 公分。其生長適溫為 20～30℃，不耐 5℃ 以下的低溫；常用扦插法繁殖，用量天尺作砧木嫁接觀賞效果更佳。

26 如何防止燕子掌落葉？

燕子掌又名玉樹，喜溫暖乾燥和陽光充足環境。燕子掌生長較快，每年春季需換盆，加入肥土。為保持株形豐滿，肥水不宜過多。生長期每週澆水 2～3 次，高溫多濕的 7～8 月嚴格控制澆水。盛夏如通風不好或過分缺水，也會引起葉片變黃脫落，應放半陰處養護。入秋後澆水逐漸減少。

室外栽培時，要避免暴雨沖淋，否則根部積水過多，易造成爛根死亡。每年換盆或秋季入室時，應注意整形修剪，使其株形更加古樸典雅。

燕子掌耐旱力強。在一般情況下若大量脫葉大都是因為澆水過多，阻礙了根系呼吸而導致爛根所引起的。另外在盛夏季節和春節過後也常常脫葉，前者是因為天氣悶熱、通風不暢，後者放在室外陽光下淋雨，葉柄基部產生離層而脫葉。因此，盛夏季節應適當遮蔭並放在通風良好的地方，防止雨淋。

冬季或早春脫葉的主要原因是室溫過低又見不到陽光所致，因此，應放在南窗附近養護，保持14℃以上的室溫，少澆水，開春以後隨著氣溫升高再正常澆水。

另外，如果突然澆一次大水或大雨造成盆內積水，或施肥過濃，或盆土過乾都會引起脫葉。

27　如何使翡翠珠更加晶瑩光亮？

翡翠珠又名綠之鈴，為菊科多年生常綠多肉植物，是近年來十分流行的室內盆栽植物，廣泛應用於室內擺放和懸掛裝飾。日常種植中常出現葉片脫落和皺縮現象，使植株失去原有晶瑩的光澤，解決辦法主要應從日常管理上入手，給予翡翠珠良好的生長環境。

翡翠珠喜溫暖、陽光充足，生長適溫15～22℃，稍耐寒，在略蔭及通風良好的環境中生長發育最佳。盆土用泥炭土與粗砂混合配製為好，宜用中盆種植。栽培一段時間之後常會發生下部葉片脫落現象，此時應進行換盆或分株。

日常澆水不宜多，春秋兩季約每隔3～4天澆一次水，夏季每隔1～2天澆一次水。尤其盛夏高溫時節植株呈半休眠狀態，應保持盆土乾燥，嚴格控制肥水，寧乾勿濕，並轉移至陰涼通風處養護；若盆土過濕，易發生爛根現象。春秋季為生長期，

個案篇

每半月追施稀薄肥 1 次，冬夏季不宜施肥。最忌夏季悶熱潮濕，應加強通風降溫管理，否則植株極易腐爛。不耐水濕，種植場所應避雨淋。

冬季能耐 0℃ 以上低溫，但最好保持在 10℃ 以上，置陽光充足之場所，葉片生長會充實、粗壯，盆土保持略乾燥，使莖葉不出現皺縮即可。

28 嫁接仙人球的三棱箭基部腐爛應如何挽救？

三棱箭的基部莖肉腐爛多是由於種植三棱箭的盆土過濕或過酸造成的。盆土過濕過酸會造成植株缺氧，使植株根莖的肉質組織萎黃、蔫軟，進而組織腐爛壞死，嚴重的造成植株死亡。

發現三棱箭的基部莖肉出現異常現象後應立即脫盆，若只出現爛根，可剪除腐根，用消石灰進行消毒處理，曬乾後重新上盆種植。若植株是莖基部腐爛，可將腐爛部分連同上面 1 公分左右的未腐爛部分一同切掉，再把中央髓心上的爛肉刮乾淨，放在室內見光處使傷口徹底曬乾。待切口部位乾縮並產生一層白皮後，把露出的木質髓心和髓心下面的根系用素沙栽入深筒盆中，讓莖肉的切口與沙面相齊。上盆時使用濕沙，一週後再開始澆水。

29 如何讓水晶掌的肉質葉片透明光亮？

水晶掌原產於南非的高山森林中，為強陰性植物，全年都不需要直射陽光；為微型室內觀葉盆花，小巧的株叢呈蓮座

花卉專家門診

狀，葉面翠綠，白色的葉脈分明，多漿的肉質葉片呈半透明狀，好似玻璃製品，因此，又名玻璃寶草。

水晶掌一個株叢的直徑大都不超過 10 公分，因此，只能用微型花盆栽種；盆土用腐葉土摻沙土 20%配合而成，上盆時在盆底施入基肥，不要追施液肥，如將肥液滴到葉面就會出現斑痕，每 2 年換 1 次盆，因根系較淺，栽植時宜淺不宜深，栽後先放陰處，並節制澆水，等長出新根後，可正常管理。平時不能缺水，否則葉片變瘦，葉色變紫發灰並失去透明度，澆水最好用盆底浸水法。

水晶掌在夏季有一段休眠期，應節制澆水，置於疏蔭下使其安全越夏。水晶掌對光線較為敏感，在長時間的強光下，葉片生長不良，而在半陰條件下，葉片碧綠；但長期放置在半陰處栽培，會造成生長過快，肉質葉柔弱。冬季溫度低更要嚴格控制澆水，使盆土保持乾燥為好，5℃時進入休眠。水晶掌室內陳設時應避開南窗擺放，光線越弱葉片越翠，透明度越強。

 30 怎樣使長壽花花色更豔麗？

長壽花又名壽星花、矮伽藍菜，為景天科多年生常綠多肉植物。葉肉質對生，邊緣稍帶紅色。開花時花團緊簇，花期長，一般從 12 月下旬開始可持續到來年 5 月初，因此得名長壽花。為使長壽花花色更艷麗，必須注意以下幾方面：

長壽花喜陽光充足，家庭培養一年四季都應放在有直接光照的地方。若長期光線不足，不僅枝條細長，葉片薄而小，影響株形美觀，而且開花數量減少，花色也不鮮艷，還會引起葉片大量脫落，喪失觀賞價值。盛夏光照強度大，易使葉色發

黃，中午前後應當遮蔭。

長壽花體內含有較多水分，抗旱能力較強，故不需要大量澆水，否則容易引起根的腐爛。平時保持盆土略濕潤即可，冬季溫度低時控制澆水。11月份花芽形成後增施磷鉀肥，可使花多色艷、延長花期。冬季室溫不能低於 12℃，以白天 15～18℃、夜間 10℃以上為好。

生長旺盛初期注意及時摘心，促其多分枝，則株形會更加豐滿，觀賞效果增強。長壽花向光性較強，生長期間應經常調換花盆的方向，調整光照，使植株枝條均勻向四周發展。花謝後及時剪掉殘花，以免消耗養分，影響下次開花數量。每年春季花謝後換盆，換盆時注意添加新的培養土。

31 怎樣養好金琥？

金琥是仙人掌科大型的球類品種，體大而圓，在球體上長著一根根金黃色硬刺，給人有豪爽、威武之感。養好金琥，要注意以下幾點：

(1)選擇合適培養土：常用腐葉土 2 份、園土 1 份，稍加礱糠灰混合使用。若盆底放少量骨粉或蛋殼粉作基肥則更佳。

(2)光照、溫度要適宜：金琥喜陽光充足，在長期光線不足的環境中，球體會變長而降低觀賞價值。生長適宜溫度為 15～30℃，35℃以上植株進入休眠，8～10℃左右球體基本停止生長。在生長季節，應置於光線充足處。但夏季酷暑，光照特強，需適當遮蔭，否則刺的顏色會變淡，且球體易灼傷。冬季應置室內陽光充足處。

(3)水分、肥料要合理：春季到初夏，是植株生長期，可適

當澆水，經常保持盆土濕潤。盛夏季節，植株進入休眠，由於天熱盆土易乾，應注意澆水，不要使盆土過乾；基本停止施肥，到秋季恢復正常肥水供應。生長季節增加空氣濕度和追施磷肥可使球體和刺的顏色更鮮美。注意澆水或施肥時不要施到球體上。冬季氣溫低，生長停止，要控制澆水，盆土稍帶乾，以免水濕而爛根。

32 北方地區怎樣種好金琥？

北方地區有些花卉愛好者，把種不好金琥的原因歸結為：太陽光中紫外線強度不夠。把北方地區陽光中紫外線的強度看成是制約栽種金琥成敗的限制性因素，是沒有足夠依據的。金琥原產墨西哥中部，目前全球的金琥栽培以美國的生產量最大，並暢銷全世界，可見與緯度的紫外線無太大的關係。

金琥喜溫暖和陽光充足的環境，不耐寒，耐乾旱，畏積水。土壤宜用疏鬆、肥沃、含石灰質的沙質壤土。生長適溫白天為 22～24℃，夜晚為 10～13℃，冬季應不低於 8℃。

金琥生長迅速，每年春季應換土一次，盆土可用等量的粗沙、壤土、腐葉土及少量的石灰質材料混合配製，還可增加一些漚熟過的雞屎、鴿糞、牛屎等，則效果更佳。

夏季要適當遮蔭，但勿過分蔭蔽，光照不足易導致球體變長，刺色暗淡失神，使其降低應有的觀賞價值。夏季可多噴霧增加空氣濕度，但盆土不能過濕，且必須維持涼爽的環境，對球體的生長十分有利。越冬溫度宜保持 8～10℃，並應維持盆土乾燥。它在肥沃的土壤和空氣流通的條件下生長較快，4 年生的實生植株直徑可達 10 公分，當其 10 年生球徑達 30～35 公

分時，即可開花。金琥球易遭蚧殼蟲和紅蜘蛛的危害，可用50%的殺螟松1000倍液進行防治。

33 如何區分蟹爪蘭與仙人指？

蟹爪蘭與仙人指均為仙人掌類附生型多肉植物。它們在株型、花型、花色等方面有不少相似之處，常易混淆，其實兩者是有較明顯區別的：

蟹爪蘭的莖節邊緣有明顯的尖齒，莖節連接似蟹腳；而仙人指的莖節邊緣沒有尖齒，呈淺波紋狀，形如長手指。蟹爪蘭的花色較豐富，有白、橙黃、橙紅、深紅、紫紅等色，花筒長伸，花瓣2～3輪，向兩側反捲；而仙人指的花色多為洋紅色，花瓣一輪，排列勻稱整齊。

正常情況下蟹爪蘭開花比仙人指早，花期在12月下旬至元旦，正值聖誕節期間，故又稱為聖誕節仙人掌。仙人指的花期則在我國農曆春節期間。花期一般比蟹爪蘭晚1～2個月。

34 蟹爪蘭為什麼易落蕾？

蟹爪蘭在冬季常出現落蕾的現象，主要是在以下幾個方面要注意：

(1)溫度不適：蟹爪蘭孕蕾期間的溫度為10～18℃，低於10℃時，對其生長不利。北方蒔養蟹爪蘭，多半將其置於向南陽臺上，但夜間溫度有時會偏低，對蟹爪蘭及其嫁接砧木產生不良影響。尤其用三棱箭作砧木的種類，因三棱箭更不耐寒，往往會造成落蕾。

（2）光照不足：蟹爪蘭現蕾時間為 10 月下旬，此時在北方溫度較低，人們往往會將其從室外移入室內，而室內往往光照不足，因此，易導致營養不良而落蕾。

（3）澆水不當：冬季光照弱，溫度低，水分蒸發慢，因而不必天天澆水，乾後再澆即可（平均 4～7 日澆水一次），同時要求水溫與環境溫度相當，澆水偏多偏少都會因乾旱或水澇而致落蕾。澆水尤其是向植株噴水時水溫太低，與環境溫度相差太大，也會引起花蕾大量脫落。

（4）施肥不當：蟹爪蘭現蕾後，應及時增施磷鉀肥，即每隔 7～10 天向盆內噴施或葉面噴施 0.2％的磷酸二氫鉀水溶液。否則，會因磷、鉀肥不足而落蕾。同時施肥也不宜過急過猛，肥料過濃也會使蟹爪蘭落蕾。

35 嫁接蟹爪蘭的砧木發蔫怎麼辦？

用作嫁接蟹爪蘭的砧木仙人掌，常於高溫的夏天裡發蔫，這是夏天特殊的天氣條件所造成的。仙人掌類儘管能耐 40℃的極端高溫，儘管在非洲的原產地白天雖然非常燥熱，但夜間卻比較涼爽，因而對植株的影響不大；而在我國大部分地區，大多數仙人掌類植物對持續悶熱的高溫天氣則難以忍受，特別是在通風不良的情況下，當氣溫達 30～35℃時，大部分品種的生長速度減緩，如超過 38℃，再加上夜間溫度也持續很高，則盆栽的仙人掌類植物被迫進入休眠狀態，即所謂夏休眠，只有到了秋涼後才能恢復正常的生長。

因此，以仙人掌為砧木嫁接培育的蟹爪蘭植株，在我國大部分地區，春、秋二季生長情況一般較好，在悶熱高溫的夏季

往往是「半死不活」，原因就在於此。如果在此階段又澆水偏多或承接雨水過多，或者澆施了一些肥料，必然導致仙人掌的爛根，致使其出現一天不如一天的萎蔫現象。

對於萎蔫的植株，可將其擱放於陰涼通風處，或將其移放到通風條件較好的空調室內，改澆水為適量噴水，為其創造一個相對涼爽的小環境，待到 9 月份可望恢復生機。來年進入夏季後，對以仙人掌為砧木嫁接繁育的蟹爪蘭植株，要及早將其搬到通風、涼爽的半陰處過夏，節制澆水，停止施肥，使其能夠順利度過炎熱的夏季，到了秋涼時再給予正常的水肥管理，這樣方可使以仙人掌為砧木嫁接的蟹爪蘭植株開出又大又多又艷的花朵。

36 蟹爪蘭花蕾大小不一、數量少的原因是什麼？

蟹爪蘭花蕾大小不一、數量少的原因，可能與施肥種類失衡、營養不足、室溫偏低等有關。對已現花蕾的蟹爪蘭，應堅持每隔 10 天施一次薄肥，種類如磷酸二氫鉀，濃度在 0.2% 左右，也可以埋施少量多元復合肥顆粒。一般情況下，對已現花蕾的蟹爪蘭，冬季室溫應維持在 10℃ 以上，並有較好的光照，且盆土宜偏乾，不能澆水過多或經常過濕。

蟹爪蘭的修剪、疏蕾、綁紮：春季花謝後，及時從殘花下的 3～4 片莖節處短截，同時疏去部分老莖和過密的莖節，以利於通風和居家養護。在蟹爪蘭的培育過程中，有時從一個莖片的頂端會長出 4～5 個新枝，應及時刪去 1～2 個；莖節上著生過多的弱小花蕾，也要摘去一些，可促成花朵大小一致、開花旺盛。培養 3～5 年的植株，可用 3～4 根粗鐵絲作支柱，沿盆

壁插入土中，上部紮成 2～3 層圓形支架，將莖枝捆紮於圓環上，以避免莖節疊壓和散亂，同時刪去一些參差不齊的莖節，使植株呈傘狀，這樣方可有益於光合作用和陳列觀賞。

為了控制株形過大，使之適於作室內陳設，當整個植株的蓬徑達 50 公分以上時，可在春季將莖節短截，並疏去一部分衰老和過密的枝條，經過疏剪後長出的新枝會顯得嫩綠茁壯，開花將更加繁茂。值得注意的是：修剪應在晴天進行，不要在雨天，也不要在夏季進行修剪，以免造成剪口腐爛。

蟹爪蘭的施肥應注意以下幾個方面：蟹爪蘭 3 月份開花後，有一段短時間的休眠期，此時應停肥控水，直至莖節上冒出新芽，才給予正常的水肥管理。生長季節每隔半月施稀薄氮肥一次，施肥不要沾污莖節，以利於變態莖的營養生長。

蟹爪蘭可每隔 2 年換盆 1 次，通常在 3～4 月進行，除在盆底應加墊約 3 公分厚的沙石子以利於濾水外，還應在培養土中加入含磷較多的腐熟禽糞鴿屎、碎骨魚鱗等，但根系不要直接與肥料接觸。當氣溫達 30℃ 以上時，植株進入半休眠狀態，此時不僅要避開烈日和雨淋，而且應將其擱放於陰涼濕潤處，同時停肥控水，以防植株爛根。秋冬季為蟹爪蘭的孕蕾開花期，9月下旬可稍見陽光，10 月中下旬再給予全光照，可促成花芽分化、多孕花蕾，此時宜每隔 7～10 天追施一次含磷較多的液肥，直至開花時才停止施肥。

37 蟹爪蘭為何莖節萎蔫？

蟹爪蘭出現莖節萎蔫、花蕾半開就脫落的現象，可能有以下三個方面的原因：

一是根系腐爛，或因澆水過多，或因施肥過多、過濃等，導致蟹爪蘭植株出現爛根，使其失去了向上輸送水分和養分的功能，從而致使莖節萎蔫、花朵半開即脫落。

二是植株因突然降溫而受寒害，或晝夜溫差太大，一夜之間氣溫猛然大幅度下降，使砧木因受寒害而停止生長，有時滿株花蕾都會落光，特別是以三棱箭作砧木的蟹爪蘭植株，氣溫降到15℃時就停止生長，砧木一旦停止生長，水分養分供應就受到限制，必然引起落蕾和莖節萎蔫，若氣溫突然在一夜間降到10℃以下，也會發生落蕾掉苞。

三是盆土過乾、空氣過分乾燥、蚧殼蟲類嚴重危害等，也有可能導致蟹爪蘭莖節不正常和出現落蕾。

為了挽救蟹爪蘭植株，可待盆土稍乾時，在室內將其從花盆中脫出，抖去部分宿土，檢查根系的受損情況，若因盆土過濕、肥料過大或盆土過乾造成了根系嚴重受損，可先將壞死的根系剪去，直到根系斷面新鮮為止，重新改用乾淨疏鬆的沙質培養土栽種；在催根期間，應維持不低於15℃的室溫，多噴水少澆水，並給予一定的光照和較高的相對空氣濕度，待植株催生出新根後再更換較肥沃的培養土，並給予正常的水肥管理。

38 如何使蟹爪蘭應時開放？

不少花卉愛好者，都希望家庭盆栽的蟹爪蘭能於春節期間開放，但往往總是不能如願。要使蟹爪蘭於春節期間奉紅獻瑞，則必須為其創造一個適當的生態環境。

蟹爪蘭為典型的短日照花卉，在長日照條件下不能進行花芽分化，如果再加上溫度過高，它將被迫進入休眠或半休眠狀

花卉專家門診

態（如在盛夏時節）。在其催花過程中，不能將盆栽植株放在夜間有人工光源的場所，否則額外的光照可能影響到植株的花芽分化和以後的開花。

若想使其提前到 10 月初開花，可於 7 月底、8 月初進行遮光，每天從下午 4 點到次日上午 8 點用黑布單罩上，到了 9 月下旬即可於每個莖節的頂端孕生小花蕾。遮光至 9 月底，到了 10 月初，其花苞便可開放。

蟹爪蘭對溫度的反應比較敏感，在 16～28℃ 範圍內生長良好。在其花期控制過程中，環境溫度不能低於 5℃，否則易使植株受凍。

一般情況下，當氣溫低於 13℃ 時，蟹爪蘭的花朵不再受光周期的影響均能正常發育；而溫度高於 15℃ 時，蟹爪蘭的花芽分化只在短日照的條件下才能進行；當氣溫高於 21℃ 時，無論是長日照還是短日照條件，植株均無花芽分化。

蟹爪蘭的自然花期一般在 11～12 月，室溫過低時，花期可延遲到 3 月。為此，如對已打好花苞將近開放的植株，可將其溫度控制在 5℃ 以上，利用低溫可延緩花苞的開放。若花苞尚小，則可將室溫提升到 15℃ 以上，則可加速其開放。利用低溫延緩、高溫促進兩種手段，在春節期間您將如願看到艷麗綻放的蟹爪蘭。

39 令箭荷花長乾枯斑怎麼辦？

盆栽的令箭荷花，在其肉質變態莖上出現乾枯斑，可能是炭疽病或莖腐病所引起的。可仔細檢查其乾枯斑，若其上有波狀輪紋，則可以肯定是炭疽病，可先切除炭疽病斑部分，待切

口收乾後再噴灑農藥防治。可用 25% 的炭特靈可濕性粉劑 500 倍液，或用 75% 的炭疽福美可濕性粉劑 500 倍液，或用 75% 的百菌清（或 70% 的代森錳鋅）可濕性粉劑 700 倍液，交替使用，每隔 7～15 天 1 次。若是莖腐病，其乾枯斑邊緣為黑褐色，中央呈灰色，但無波狀輪紋。

防治方法：先切去病斑部分，稍晾待切口收乾後再噴灑 50% 的克菌丹可濕性粉劑 800 倍液，或 70% 的甲基托布津可濕性粉劑 1000 倍液進行防治。

40 令箭荷花為何不開花？

令箭荷花生長旺盛但不能正常開花的原因，有以下兩個方面：一是植株營養生長期間磷肥供應不足；二是在花芽分化期間管理失當。

盆栽令箭荷花，4 月份以後，隨著氣溫的升高進入生長階段，可將其擱放於向陽窗臺的通風處，澆水不宜過多，以保持盆土稍呈濕潤為度；以後每隔半月澆施一次磷、氮均衡的稀薄液肥，連續 2～3 次。4～5 月間，當變態莖上出現花蕾時，再追施一次速效磷肥，如磷酸二氫鉀，濃度為 0.3%，這一階段的施肥種類和次數是使令箭荷花多開花、開好花的關鍵。

開花期間要控制澆水量，若澆水過多易引起掉蕾、落花。花期若能防止強光直射，則可明顯延長開花時間。開花過後有一段休眠時期，此時要控制澆水和施肥，以防爛根。

夏季應將其置於半陰的場所，避免烈日暴曬，否則易招致變態莖發黃或被灼傷；夏日氣溫高、蒸發快，可適當多澆一些水，但不能造成盆內積水；除盛夏時節外，可每隔半月施一次

以氮肥為主、磷肥為輔的稀薄液肥，連續 2～3 次。

入秋後，當年新抽變態莖已開始老熟，此時是令箭荷花花芽分化的關鍵時間段，這時管理養護是否到位，更是第二年植株能否開花的根本之所在。其一，此時應注意減少澆水，並追施 1～2 次稀薄的有機磷肥，如漚透的雞糞、鴿屎、骨頭、魚鱗水等，促進花芽分化。其二，秋季光照強度日趨減弱，需要增加光照時間。若秋季光照不足或肥水供應過多易引起徒長，就很有可能導致第二年不開花或很少開花。

冬季宜將其放在室內光線充足處，控制澆水使盆土偏乾，並且停止施肥，以維持 10～15℃ 的室溫為宜。若室溫過高會引起植株徒長，也有可能影響到來年的開花。若室溫過低，則植株又容易受寒害。

41 令箭荷花嫁接成活率不高的原因？

令箭荷花嫁接成活率不高，與嫁接時間不當、嫁接方法不妥、嫁接後管理不善等因素有關。

令箭荷花嫁接一般用量天尺（亦稱三棱箭、三角柱）、葉仙人掌和仙人掌作砧木，多採用劈接法，接後當年或翌年即可開花。

令箭荷花嫁接全年均可進行，但以春、秋兩季嫁接效果最佳。因為夏天溫度高、濕度大，接口容易腐爛，一般不宜進行嫁接。其具體操作方法是：以三棱箭（或仙人掌）作砧木，需選肥大健壯的植株，多在距盆面 30 公分處用利刀將三棱箭的每個棱上呈 20°～30° 角向下切一裂口，深達三棱箭中心的木質部，再切取生長充實健壯的令箭荷花每 5～7 公分為一段作接

穗，在其下端兩側用利刀削成楔形，分別插入三棱箭砧木的切口中，插入深度以達中心木質部為好，為防止接穗滑出，可用仙人掌刺或大頭針插入砧穗接合部作固定。

在砧穗接合部癒合期間，必須防止雨水或澆水淋洗，以免切口處發生腐爛，導致嫁接失敗。

待嫁接植株成活後，再拔去固定砧穗接合部的仙人掌刺或大頭針，給予正常的養護即可。接好的令箭荷花，每生長一個莖節，就剪去上半部分，留下 7～10 公分的莖節，這樣能促進其正常孕蕾開花。

42　越冬沙漠玫瑰的肥碩莖基爲何發軟？

沙漠玫瑰原產非洲東部，根莖基部肥大如酒瓶狀，是主要的觀賞部位。越冬期間出現葉片捲曲發枯脫落、嫩梢軟腐、肥大的莖基手按之發軟，是由於冬季室內溫度過低受凍所致，這種凍害是不可逆轉性的生理病害，一般很難再搶救成活。有鑒於此，沙漠玫瑰的越冬棚室溫度，一定要維持不低於 10℃，否則會對生產性栽培造成災難性的損失，切不可掉以輕心。

43　霸王鞭莖枯不止怎麼辦？

霸王鞭又名火殃筋，為大戟科大戟屬植物，因其葉形酷似夾竹桃，又被稱作「夾竹桃仙人掌」。

盆栽霸王鞭，冬季入室遲，出現落葉且上部變黃發枯的異常現象，削去其黃枯部分後，白汁如泉湧，撒大量硫磺粉後止住，但日後又黃枯下延，遇到這種情形應該怎麼辦。

霸王鞭切去黃枯部分後，莖體繼續黃枯下延，問題出在刀具和消毒不徹底上。在行施切莖「手術」前一週停止澆水，保持盆土比較乾燥，刀片在使用前用 70%的酒精消毒；傷口用 1%的甲醛液消毒，再塗上少量的硫磺粉，以防再侵染，以後定期噴灑 50%的多菌靈可濕性粉劑 500 倍液，每隔 10 天一次，不使切口處沾上污水，直至其不再黃枯下延為止。

44 馬齒莧樹為何一入夏季就「半死不活」？

馬齒莧樹，俗稱玉葉或金枝玉葉，為景天科多年生肉質灌木。因為它在夏季呈半休眠狀態，若澆水過多或給予了不必要的施肥，都有可能造成其爛根和落葉，呈「半死不活」狀。

越夏養護時，可將其搬放到通風涼爽的蔭棚下，嚴禁施肥，保持盆土濕潤，適當給予葉面噴霧。到了秋天，待其恢復生長後即可給予正常的水肥管理。

45 發財樹為何葉黃脫落？

不少花卉愛好者反映，擺放在室內 14～16℃環境中的發財樹，到了 11 月份出現葉片發黃脫落，其原因很有可能是澆水偏多、盆土過濕所導致的爛根性落葉。

發財樹的生長適溫為 20～30℃，進入 11 月份後，氣溫可能已低於 20℃，而這時植株對水分的吸收已明顯減緩，需求量也相應減少，如果仍然按往常的慣例澆同樣多的水，再加上盆土板結，濾水透氣條件差，必然造成根系因缺氧而出現無氧呼吸，使營養鬚根腐爛，進而致使葉片發黃脫落。這種葉片發黃

脫落過程較快，不像植株因乾旱出現的下部葉片漸進式枯黃。另外，如果秋季施了較多的肥料，因為氣溫下降，植株吸收養分的功能亦隨之下降，也有可能致使植株因肥害而發生落葉。

不論是水多爛根，還是肥害傷根，均可先將植株從盆中脫出，仔細查看其營養鬚根，若根系呈褐色腐爛狀態，可先將腐爛的部分剪去，直至截口新鮮處為止；若爛根較多時，同時宜對枝條作強度縮剪，換用疏鬆乾淨不含肥料的沙土栽好，將其擱放於室內溫暖處，以後維持盆土潮潤，平時只噴水不澆水或少澆水，經過來年春天的恢復性養護，待其根部生發出較多的營養鬚根，並抽發出新的枝葉時，再重新換用新鮮肥沃的沙質培養土栽種。

46 扦插繁殖的發財樹苗為什麼莖幹基部不膨大？

扦插繁殖的發財樹苗，編織造型後不見其莖幹基部膨大，是一種比較普遍的現象，與其繁殖方法有關。

發財樹，又名馬拉巴栗，為木棉科常綠或半落葉喬木。因其株形優美，葉態秀巧，性耐乾旱蔭蔽，特別適於作室內陳列，更兼之它有一個寓含人們祈盼發財心理的美名，深受商家和城市居民的歡迎，是近年頗為流行的著名觀幹賞葉植物。特別是用3～5株種子實生苗經結辮造型後形成的盆栽植株，一直是觀葉植物市場上最為搶手的盆栽種類之一。

人們常見的發財樹，幹基肥大呈肉質紡錘狀，這是因為這些苗子都是經播種法繁殖的實生苗，因而形成膨大的幹基，而扦插法培育的苗子則不易形成膨大的莖幹基部。能否由人為的方法，促使扦插苗幹基的膨脹肥大呢？經過摘心處理，在一定

的程度上會促進莖幹基部膨大，但膨莖效果難與實生苗相比。

為此，要獲得莖幹基部膨大的發財樹植株，最好用播種法育苗。一般在我國南方地區，大的發財樹植株於春季 4～5 月間開花，花後結果，當其果實成熟轉為黃褐色時，即可採摘其果實用於播種。

發財樹種子壽命極短，不耐貯藏，採收後必須在一週以內下地播種，發芽適溫為 22～26℃，可將其點播於細沙床中，保持苗床濕潤，很快即可發芽，通常種子發芽出苗率為 85% 以上，約經 2～3 年的精心培育，即可用於供編辮造型盆栽。

47 發財樹為何葉尖發黑，葉片發黃？

發財樹的葉尖發黑、葉片變黃的原因是：如果發財樹的栽培基質是黏土，則不排除盆土積水爛根所導致。

如果發財樹的栽培基質是以素沙為主，為通透良好的沙壤，那發財樹葉尖發黑的原因，一是空氣乾燥、乾風吹拂，加大了葉片的水分蒸發，而根系供水又跟不上，從而造成葉尖枯焦；二是施肥失誤，即施用了生肥、濃肥、大肥，造成營養鬚根受損，導致葉尖枯焦，葉片變黃。

發財樹的澆水應遵守「乾後澆透」的原則，使土壤的乾濕有個間歇時間，但在夏季盆土要澆透水，並輔以葉面噴水，將其擱放於半陰偏陽的環境裡，方可使其生長旺盛。

48 紅楓為何葉片枯白？

紅楓為雞爪槭的變種。雞爪槭在我國分布於長江流域及山

東、河南等省，多生長於海拔1200公尺以下的山地、丘陵之林緣或疏林中。其變種紅楓，性喜濕潤、涼爽氣候，弱陽性，耐半陰，在蔭蔽且土壤濕潤肥沃、排水良好的環境中生長良好；在陽光直射處孤植，或將盆栽植株單獨擱放於陽光下暴曬，夏季葉片易遭日灼和旱害。

　　盆栽紅楓，剛抽葉時生長良好，到了4月上旬出現葉尖枯乾、焦邊現象，這可是天氣過乾、溫度高，紅楓葉片還處於細嫩階段尚難以適應乾熱環境條件所致。或者因盆栽植株突然移放於陽光強烈處，環境猛然發生大的改變所致。

　　盆栽紅楓要求放置於有蔭蔽且空氣濕度較大的環境，否則即使是4月不出現葉片枯尖焦邊現象，到了夏季也會出現這種情況。若4～6月份的氣候非常特殊，長時間的持續乾旱和氣溫偏高，在盆栽紅楓植株出現葉尖枯焦現象後，又未能及時給予創造一個涼爽濕潤的小環境，必然導致葉片大面積枯白，至於葉片枯白處出現斑點，有可能是病菌寄生所致。

　　對於葉片大部分枯白的紅楓植株，可將其從盆中脫出，檢查一下根系有無爛根現象，若無爛根現象，可將其重新用疏鬆肥沃的培養土栽好，摘去枯葉，擱放於通風涼爽、濕潤、半陰的環境中，多噴水，少澆水，可望在一個月內重新抽發出新葉。

　　若根系已發生腐爛，要挑去土坨外圍的宿土，刪剪去已腐爛的根系部分，重新換上乾淨的濕沙，護好根部剪口，再用乾淨、疏鬆的培養土栽好；同時摘去所有枯葉，視根系腐爛的多少和嚴重程度，縮剪去1／3～2／3的幹枝，將其搬放到涼爽、濕潤、半陰處，盡量少澆水多噴霧，只要根系尚未全部喪失吸收功能，仍有可能恢復生機。

117

49 佛肚竹爲何不禿凸起佛肚？

常見的佛肚竹有兩種，一種爲小佛肚竹，竹竿基部竹節均細長，徑約 0.5～2.5 公分，每一節均上細下粗，形同佛肚外挺；另有一種佛肚竹，竹節均呈短縮膨大，徑約 3～8 公分。前者株形較小，適於家庭盆栽或制作成竹叢附石盆景；後者株形高大，宜用廣口深盆栽種作明堂、賓館陳列。

佛肚竹性喜溫暖濕潤，不耐寒冷，北方地區越冬必須置放於溫室中，越冬溫度不得低於 5℃；華南地區，可露地栽培越冬；江淮之間必須放置在室內方可安全越冬。

盆栽宜用疏鬆肥沃、排水良好的沙質壤土；氣候乾燥時要經常用清水噴淋葉面，既可洗滌去植株上附著的纖塵，又可使其始終保持翠綠可人的觀賞狀態。4～9 月間，宜每月追施一次稀薄的餅肥水，並鬆土透氣。

盆栽佛肚竹宜陳列於光線明亮處，多接受上午陽光的照射；夏冬應避開正午前後的烈日暴曬，以免傷損葉片。每隔 2 年可於秋季換盆一次，沒有分盆的植株要去老留嫩、去弱留強、去細留壯。為使「佛肚」始終挺出，保持其獨有的審美特徵，還應特別注意以下幾點：

（1）是防止追肥過多，尤其是要防止氮肥過量，導致竹節變長、節間平直不鼓凸，失去應有觀賞價值。

（2）是夏季要擇優留筍，當竹筍出土後，儘早辨別出筍體較粗鈍、筍尖開裂，用手指按壓較鬆，而且生長較慢的觀賞筍予以保留；把筍體中細銳緊實、筍尖不開裂，且長勢較快的徒長筍除去。

（3）是筍期要控制澆水，在疏去徒長筍的同時，要適當控制澆水量，借以抑制新抽竹筍的生長，使觀賞筍儘早發枝展葉。

（4）要及時剝去筍殼，當新筍翹開筍殼，要及時剝去基部筍殼並抹去下部側枝，達到一定高度後立即予以截頂，這樣可促使下部節間長得短而凸鼓、基部竹節顯得分外翠碧發亮。

（5）是要去除秋筍，秋季佛肚竹抽生的新筍一般比較細弱，要及時從基部截去，以免徒耗養分，影響保留的觀賞筍之正常生長。

50 水養富貴竹為何不能長時間芽旺葉翠？

富貴竹即百合科龍血樹屬的開運竹，取其莖稈為主材，將其剪切成不等長的莖段，將這些不等長的莖段內長外短、逐層遞減排列，捆紮成三、五、七層寶塔狀而成開運竹。它線條簡潔、莖葉纖秀、造型玲瓏、鬱鬱蔥蔥，既富有竹韻，又充滿生機，並寓有富貴吉祥的含義，因而深受市民的歡迎。

它為常綠木本，性喜高溫、高濕環境，也耐陰、耐澇，生長適溫為 20～25℃，有一定的抗寒能力，冬季溫度低於 10℃時，葉片會泛黃脫落。

富貴竹作為室內觀賞，一般不在開運竹的浸泡液中加入營養成分，以防莖節腐爛，用隔夜的自來水或涼開水培養為好，可每隔 10～15 天更換一次，夏天每 5～7 天更換一次，但每次只需倒出一半，加入新的一半，不宜全部換去，否則根系會產生不適。如果要使水養的開運竹繼續生長，則可在浸泡液中加入少量的尿素和磷酸二氫鉀水溶液，濃度可控制在 0.1% 左右，

花卉專家門診

每 15 天更換一次，也可將肥液噴施於葉面上。當其生長出較多的新芽時，應及時剪去病芽、染蟲芽，否則會對整盆開運竹帶來損害。對瘦弱芽、「霸王芽」等，在不影響開運竹整體造型和觀賞的前提下，給予適當的疏剪也是很有必要的。

在室內水養期間，室溫不宜過高，並給予一定的光照。只有這樣才能使開運竹在室內養護期間，長時間保持芽旺葉翠的最佳觀賞狀態。

51 水養富貴竹為何葉片發黃？

水培富貴竹（開運竹）出現葉片發黃現象，可從以下兩個方面尋找原因：一是檢查水質，主要是看根系是否新鮮，如因水質原因導致根系腐爛，則應換用涼開水。二是檢查擺放場所的光照條件，如光線過暗、悶熱不通風、空氣乾燥等，均會造成葉片發黃；但如果擺放的部位光線過強，同樣也會造成葉片發黃、失神。

對於出現葉片發黃的富貴竹該怎麼處置呢？若為光線原因所致，可先將黃葉剪去，對腐爛的根系也應一併剪去，再為其創造一個清潔、適溫、涼爽、濕潤和有較好散射光的環境。如果是水質不潔所導致的根系腐爛，可先剪去黃葉，症狀不嚴重時，宜經常換水，將其擺放於通風而陽光較為充足的位置，進行恢復性養護；症狀嚴重時，應在水盤中加入少量殺菌劑。

52 如何讓富貴竹葉色濃綠？

富貴竹常見的栽培品種有葉片全綠的，還有葉片邊緣是金

個案篇

色的，稱為金邊富貴竹，另一種葉片兩側鑲有白色寬條紋的，叫銀邊富貴竹。富貴竹喜歡溫暖濕潤及遮蔭環境，忌烈曝曬，宜疏鬆肥沃土壤。它既可盆栽，也可水養，對土壤要求不苛刻。

要使富貴竹常年青翠，應注意以下方面：

（1）盆栽選用腐葉土、園土加少量河沙配製培養土，另加少量骨粉作基肥，忌用黏性土和鹼性土，否則會導致葉色變黃。種苗植後，應儘快淋水或灌水，使土壤濕透，並保持恆定的土壤濕度，在空氣乾燥時要注意噴水並保持較高的空氣濕度，有利於植株的生根。

（2）生長期間經常保持盆土濕潤，生長期需充足水分，乾則澆灌透；雨季要及時排水，冬季要保持適當濕潤。每月施1次稀薄肥水就能旺盛生長，且葉色濃綠。

（3）富貴竹喜散射光，可放室內光線明亮處，夏季注意遮蔭，冬季移至南窗附近，使其多見陽光。若光照不足，則葉色暗淡。富貴竹忌低溫，冬季室溫應保持在10℃以上。

（4）每隔1～2年應於春季換盆，換盆時剪除部分老根，填加新的培養土。分枝過多時，應及時疏剪，以利株型整齊。若水養富貴竹，可剪取長短合適的枝條插於水中，10多天可萌發根系。生根後不宜常換水，應及時施入少量營養液或復合化肥，則同樣可使其葉色濃綠可愛。

 53 南洋杉光腳了怎麼辦？

南洋杉由於盆栽時間過長致使土壤板結，或因長期陳放室內光線太差，往往導致僅存頂端2～3輪枝葉，下部葉片枯黃脫

花卉專家門診

落，形成下部完全光腳或局部光腳，失去其應有的觀賞價值，可對其進行矮截更新復壯，同時進行壓條和扦插繁殖。這樣不僅可使原株矮化更新，還可獲得一株具有2～3輪枝椏的大苗和3～5株扦插小苗，可謂一舉多得。

(1)高壓截梢：3～4月間，當氣溫回升到15℃左右時，將光腳植株移放到室外，於主幹下方2～3輪枝椏處進行環狀剝皮，去皮部位的寬度約為主幹直徑的3倍，將其韌皮部分全部剝去；為加速其環剝處癒合生根，可於剝皮處塗抹濃度為100毫克／升的1號ABT生根粉或萘乙酸藥液；在傷口部位包裹潮濕、疏鬆、無雜菌污染的苔蘚土或腐殖土，重約1～2千克，土團外面用一塊30公分×30公分的厚塑料布包裹好；繼之，用繩子連同塑料布和土團一併捆牢，塑料布上方留一斜口，以便於土球發乾時補充澆水或承接雨水，經常保持土團濕潤。夏末秋初，在土團內即可長出完好的根系，此時從土球基部下方截斷，剪去最下部的一輪枝條，解去塑料布後連土團一併栽種於花盆中。若土團中根系尚不很多，可再延長些時間，一定要待其根系長豐滿後再行切割，莫要操之過急。

(2)老幹促萌：將高壓截梢後的南洋杉樁幹，於深秋時節脫盆，挑去部分宿土，剪去死爛根系，換以肥沃疏鬆的培養土，重新栽好，放於室內，冬季莫讓盆土太潮，以免發生爛根。待翌春氣溫回升後出房，留下的幹樁最好只有30～40公分左右，隨著溫度的逐漸升高，幹樁上部的隱芽會打破休眠，抽生萌條，這時補充追肥，增加光照。到了6～7月份，當萌蘖木質化或半木質化時，除選留一個最健壯的萌條作主梢外，其餘萌條從基部掰下，留作插穗用。

(3)萌蘖扦插：將掰抹下的南洋杉萌蘖，削去基部1～2公

分，用 100 毫克／升的 1 號 ABT 生根粉或萘乙酸藥液沾浸切口 5～10 秒鐘，稍晾後進行扦插，用塑料薄膜將盆口蒙蓋嚴實，用繩子捆綁好，置於蔭棚下即可。插後每隔 3～5 天打開檢查一次，發現基質變乾要及時補充澆水。直到秋末冬初，插穗切口處長出良好的根系，再將其搬放於室內越冬，次年再行分栽上盆。由於南洋杉扦插苗的極性非常明顯，用一般側枝頂端作插穗繁殖出的小苗，會出現永久性的倒伏現象，而用截幹的梢端作插穗繁殖出的扦插苗，則可始終保持垂直向上的性狀。

 ## 54 白蘭受煤煙薰後葉應如何救治？

冬季在簡易大棚內越冬的白蘭植株，在加溫管道出現裂縫後導致大量的落葉，主要是由於夜間排煙管破裂棚內竄煙所造成。因煤炭燃燒產生的廢氣中含有一些有毒物質，如二氧化硫、一氧化碳及一些氮氧化合物、碳氫化合物等，還有較多的二氧化碳，超過了白蘭所能忍受的限度，而白蘭又恰恰對煙害特別敏感，必然導致其在短時間內大量落葉；其次可能還有低溫、通風不良等因素，或盆土過乾後猛澆大水等，但後者的可能性不是很大。

如果白蘭植株僅僅是葉片脫落，嫩枝未受太大的影響，頂芽還完好健在，可從盆中倒出白蘭花，檢查其根系有無因窒息而壞死，若芽健在、枝尚綠、根完好，一般不會對來年的生長產生太大的影響，至少不會有死亡的危險。

挽救的措施：第一，應構建完善雙層塑料大棚，上蓋草簾或黑網，必須維持其棚內溫度不低於 0～5℃，且晝夜間溫差不超過 5～8℃；如必須加溫，可用電熱取暖器、電熱片、電熱

線、電爐等，若確實必須用煤爐加溫，則要切實杜絕煤炭燃燒時產生之廢氣的污染，否則必然是雪上加霜。

第二，在天氣回暖的中午，適當打開門窗透氣，必須保持棚內空氣新鮮，但又必須防止冷風的吹襲。

第三，盆土以維持濕潤為好，不可過乾，更不能過濕，否則極易造成其細嫩肉質鬚根的萎縮枯死或爛根死亡；可改澆水為噴霧，每天用背負式噴霧器給枝幹噴霧，且必須保證水溫與棚內溫度的基本一致，切忌溫差過大，使其忍受不了而受到新的傷害。

第四，到了開春氣溫達 10～15℃時，若發現少數植株出現綠枝起皺枯萎壞死，對該枝條可進行適當的縮剪，並更換新鮮疏鬆的培養土栽種。

第五，因這批白蘭花已受到一定程度的傷害，春天出棚後仍需少澆水、多噴水，待其抽發出新枝新葉後，方可給予正常的水肥管理。

55 全光照下的白蘭移至濃蔭處為何落葉掉苞？

把全光照條件下的植株搬到濃陰遮蔽處，植株短時間內出現落葉掉苞現象，其主要原因是過度蔭蔽。白蘭花原產於印尼、爪哇，性喜陽光充足、溫暖潮濕和通風良好的環境，但不耐陰，也不耐酷熱和暴曬。在光照充足的條件下，氣溫 25～30℃，對其生長和開花最為有利。葉片全負荷進行光合作用能產生足夠的營養來供給植株的生長和孕蕾開花，而恰好在此時將其搬到葡萄架或庭院中樹的濃蔭下，這裡光照時間和強度僅為全光照的 20% 左右，況且通風條件又差，使白蘭花葉片不能

進行正常的光合作用，勉強製造的少量有機物也只能維持白蘭端部嫩葉的生存，下部的葉片因得不到營養而處於饑餓狀態，稍過一段時間也只能是枯黃脫落，枝條上孕生出的花朵也會因營養不良而停止發育，最後乾枯脫落。

　　補救的方法：不能馬上將其搬到光照充足的場所，否則易造成其嫩葉被灼傷，甚至全株死亡；從上午 10 點到下午 3 點可仍舊讓其處在蔭棚下，其餘時間可搬放到露地，每天接受 6～7 個小時的光照，並加強水肥管理，經一個星期至兩個星期的適應性鍛鍊後，即可恢復全光照養護。到了盛夏酷暑時節，才有必要給予正午前後 3～4 小時的遮蔭。

56 白蘭不開花的原因是什麼？

　　白蘭花連養數年，只長葉子不開花的原因有以下幾個方面：一是營養生長過旺，影響其孕蕾開花；由於施肥時未注意氮、磷、鉀的協調供應，致使氮素偏多，磷、鉀素偏少，導致其枝葉旺盛生長，抑制了花芽的分化產生。可利用補充磷鉀肥，縮剪過旺徒長枝條、針刺分枝、側梢等方法，以達到抑制植株營養生長，促進其孕蕾開花的目的。

　　二是光照不足，通風不良。如果兩邊有高牆遮擋，再加上上方遮蔭，這樣會致使白蘭植株缺乏應有的光照和通風條件，也會造成枝葉徒長，影響其孕蕾開花。在夏季最好將其搬放於四面通風僅頂部有遮蔭的場所。

　　三是盆土板結、葉片黃化，影響植株的孕蕾開花。白蘭為肉質鬚根，要求土壤通透良好，盆土呈酸性，為此要經常給盆花鬆土，並適當澆施礬肥水，調整盆土的酸鹼度至最適於白蘭

花生長的範圍內，一般 pH 值以 5.5～6.5 為宜。

另外，還可由葉面噴施 0.1%的磷酸二氫鉀溶液，以噴水代澆水借以提高局部範圍內相對空氣濕度等手段，來滿足白蘭植株正常生長和孕蕾開花的需要。透過上述管理措施的完善，相信白蘭花一定會開出較多較好的花朵。

57 針刺過旺枝能促盆栽白蘭多開花嗎？

盆栽白蘭花，由於水肥過度豐裕，往往造成枝繁葉茂，使植株很難孕蕾開花。如何抑制盆栽白蘭植株的營養生長勢頭、促進花芽的分化和生長？對白蘭植株過度旺盛的枝梢進行針紮穿刺，是一個行之有效的好方法。

5～9 月間，當發現白蘭花植株樹冠外圍的枝梢，抽生 5～6 節（葉），在葉柄基部的葉腋內，尚不見具短柄、先端鈍圓的柱狀花蕾孕生時，行使針刺最為有效。

其具體做法是：用縫衣針或大頭針，在主梢及側梢頂端的第一個節上 0.1～0.2 公分處，紮 1～2 個穿透或不穿透的針孔，這樣可打破主頂芽或側頂芽的生長優勢，抑制主頂芽或側頂芽的縱向生長；繼之，在主、側梢每一節的節下 0.1～0.2 公分處垂直交叉各紮一針，洞孔可穿透或不穿透，這樣可破壞和減少韌皮部中營養物質向下傳送的輸導功能，有利於打破腋芽的營養生長定勢，由於受到外傷刺激，其腋芽有可能轉化為花芽，這樣可大大促進花芽的分化和生長，並能利用該部位原先著生的碩大葉片，為花芽之生長提供必需的養分，能明顯加快花芽的膨脹。一般在行施針刺手術後，過 15～20 天即可在葉腋間見到具柄花芽的孕生，比用修剪去梢的傳統方法更容易使腋芽發

育形成花芽。

在運用針刺法促進白蘭植株多開花、開好花時，應特別注意植株本身的營養狀況和針尖的消毒。適宜用針刺法刺激孕生花芽的白蘭，必須是生長旺盛、枝壯葉茂的植株；植株瘦弱發黃，側梢抽生不足 2～3 節的白蘭，不宜行使針刺術，否則不利於植株的生長，更談不上多開花。

在行使針刺術時，可將針頭用沾浸 75%酒精的藥棉先行消毒，或將針頭在打火機的火苗上燒烤一下，用以殺死針尖可能沾附的菌類；否則，容易導致針刺創口感染病菌形成褐色病斑，影響針刺促進花芽分化的效果。

此外，在行使針刺術時，要選擇晴好的天氣，不要在陰雨天進行，以免傷口被雨水沾污而感染病菌。

58 白蘭花葉尖為何呈鈎狀？

越冬期間擺放於室內的白蘭植株，抽生的新梢出現節間短、新葉先端呈鈎狀的現象，與白蘭植株缺鋅少鈣等無必然的關係，缺鋅少鈣通常多發生在生長季節；室內白蘭新梢節間短、葉尖呈鈎狀，主要是由於室溫偏高、盆土乾濕不均、空氣乾燥、根系受損等原因所造成。

一般情況下，白蘭花以維持 5～10℃ 之間的室溫比較合適，不能過高或過低，這樣可使白蘭處於休眠狀態，有利於來年的正常生長和不間斷開花。越冬期間，即便是絕大部分葉片都脫落了，只要頂芽健在，春暖出房後會重新抽梢長出葉片來，對當年開花影響不大。

如果室溫超過 15℃，促使進入相對休眠狀態的白蘭植株，

127

又重新發芽，新發的葉片和新梢，由於室內光照、溫度、濕度等條件均不適宜，再加之盆土板結、偏乾及缺肥，必然導致新梢節間短、葉質薄，且極易黃落；或因澆水偏多，引起細嫩肉質鬚根的腐爛，不僅會造成植株落葉、新芽萎縮、新葉尖端呈鈎狀，嚴重時會致使植株枯死。

通常情況下，冬季進入室內的白蘭花，白天可維持 10℃，夜間不低於 5℃，放在有光照的部位，使白蘭植株處於休眠狀態，並且要停止施肥，控制澆水，注意通風透氣，但不可直接開窗吹冷風；還應不時用與室溫相近的清水噴灑葉片，使其保持葉面清新和局部空間濕潤，即既要保證溫度的相對穩定性，又要維持有一定的空氣濕度，還要防止煙塵危害。

開春室溫升高時，要加強通風降溫，到清明前後，選擇晴朗無風的中午將植株搬到室外，擱放於背風向陽處，向葉面噴水；晚上再搬回室內，鍛鍊適應一段時間；當氣溫穩定在 10～15℃左右時，方可搬到室外進行正常的養護。

為保持植株能持續旺盛生長，可於出房前換一次盆，但不要修根，可將大部分老葉片摘去，同時剪去枯弱枝和病蟲枝，以利於植株在春季多抽新枝、多發新葉、多孕花苞。

59 含笑類種子貯藏為什麼易腐爛或喪失生命力？

含笑類種子，包括木蘭科的木蓮、木蘭等種子，在貯藏期間易發生腐爛並喪失生命力的主要原因有以下兩個方面：一是種子處理不徹底，二是在貯藏期間種粒失水。

由於含笑類種子表面有凹陷麻點且種臍下凹，如果在用河沙搓洗去肉質種皮時，未能一次性搓洗乾淨徹底，在以後的貯

藏期間，又未能及時進行反覆搓洗和消毒，必然導致其種臍及種粒表面上霉腐爛，使其喪失生命力。

為了促成種子順利發芽，在種子貯藏期間，必須用濕沙進行層積貯藏，沙的水分含量以手握之成團、鬆開即散為度。如在貯藏過程中發現種粒發乾，必須及時補充噴灑乾淨的自來水或涼開水。此外，種子貯藏期間，還必須防止鼠類偷食危害；發現種粒露出胚根後，要及時下地播種。

 60 北方地區盆栽含笑為何易出現葉片黃化？

一是陽光過烈，有違其喜半陰的習性，導致「曬黃」；二是環境乾燥，盆土水分偏少，葉面噴水不到位，導致葉片失神「乾黃」；三是盆土酸度不夠，造成植株缺鐵性生理黃化，即「鹼黃」；四是越冬溫度偏低，引起的葉片「冷黃」。

 61 梅花主幹枯死怎麼辦？

盆栽梅花連續二年出現主乾枯死，可從以下三個方面找原因：一是檢查已枯死的主幹，如係病蟲害所致，可於秋季落葉後將其從枯死處下方截去，直至創口為新鮮的活體斷面，用蠟封口，減少水分蒸發，防止創口乾縮下移；

二是檢查根部。於秋末冬初植株落葉後，將植株從花盆中脫出，抖去部分宿土，仔細檢查根部，是否有已腐爛壞死的根系，如有壞死根系應全部剪去，重新更換疏鬆肥沃、排水良好的酸性沙壤土栽種；

三是檢查樁幹，看看尚未枯死的部分樁幹上有無蟲孔，如

有天牛等幼蟲啃食韌皮部侵入樹皮，常伴有膠汁滲出，膠汁硬化後形成圓珠狀顆粒，黏掛依附於樹幹的蟲道入口處。可將硬化的圓珠狀膠體剔除，找到蟲孔後，插入特製的毒簽，或塞入沾有農藥的棉花球，可有效殺死剛侵入不久的天牛幼蟲（主要為桃紅頸天牛幼蟲。）

對幸存的梅樁部分，在確保樁幹無蟲、根系完好的條件下，可將其樁兜往上提，只要該梅樁不是以桃樹為砧木的嫁接復合樁，仍可將其培育成一盆別有特色的露根式梅樁盆景。

62 梅樁生長不旺與施桐餅有關嗎？

梅樁生長不旺、開花不多與施用桐餅作肥料有關。梅栽培以桐餅作肥料，是安徽歙縣賣花漁村（洪嶺）花農的一大創造。所謂桐餅，是指用油桐種仁榨取桐油後留下的固體糟粕，用其作肥料種植梅花有以下三大好處。

其一，桐餅富含多種養分，其中含有機質 75%～85%、氮類 3.5%、有效磷 3.1%，所以施桐餅有利於梅花的生長、孕蕾和抗寒。

其二，桐餅的吸潮性有利於盆梅的抗旱，桐餅中含有少量未被榨盡的桐油，其中還有些成分具有一定的吸潮性，在比較乾旱的時候，能夠吸附樹樁基部周圍及空氣中的水分，以供梅樁生長的需要，對梅樁的抗旱越夏和孕蕾非常有益。

其三，桐餅具有良好的驅蟲殺蟲效果，因為桐餅中含有一定量的殺蟲成分及令害蟲忌避、拒食的物質，將其施入盆土中可防止地老虎等幼蟲危害根部，也可防止桃紅頸天牛等蛀幹性害蟲鑽食梅樁樁幹和韌皮部，達到梅樁不被侵害的目的。

種養梅椿使用桐餅的用法和用量是：一個高約 1.5～2 公尺的梅椿，只需將 0.6 千克的大塊桐餅肥，敲成 4～5 塊，分散放在盆土的邊沿，隨著日後對盆土的澆水和噴水，將其泡濕，餅肥吸水膨脹後，塊狀桐餅才逐漸被溶化。約經 4～5 個月，餅肥方可全部化盡，這樣就可緩慢而有效地供給梅椿以全面足夠的養分。此外，也可將漚透的稀薄桐餅液長期作追肥使用，效果同樣不差。

63 梅椿開花優劣與修剪有關嗎？

盆栽梅椿能否連年開花發旺與花後的修剪有著重要的關係。梅花修剪的最佳時機是花謝後至葉芽剛萌動時，梅花修剪應該注意以下幾點：

一是對病蟲枝、瘦弱枝、內膛枝、亂形枝等，必須全部從基部剪去，對主幹上、根頸部抽生的萌發枝，也應一併剪除，使主幹顯得乾淨爽朗，樹冠通透良好。

二是對樹冠上垂直生長的二、三年生粗大枝條，也可結合樹形調整和修飾，作強度縮剪，使總體樹冠外形呈扁圓或卵圓形。

三是對當年開花的枝條，必須從基部 2～3 公分處，保持 2～4 個葉芽後全部剪去，這是保證其來年多孕花蕾、花大色艷的關鍵之所在。

梅花的花蕾幾乎全部孕生於當年生枝條上，一般於 6～7 月間進行花芽分化，於 3 月底將梅椿的花後枝條全部從基部剪去，可促使其從保留枝條基部的葉芽中抽生出比較粗壯的當年生枝條，為其花芽分化和孕蕾提供最為理想的枝條部位；否

則，若因修剪不到位，從花謝後的枝條上萌生眾多細弱的枝條，這樣不僅會無端大量消耗植株體內積累的養分，而且也會因枝條過密、過細，影響其孕生花蕾的質量。

值得注意的是：梅株的花後修剪，必須和埋施基肥同步進行，可在修剪梅花的同時，在其椿蔸外圍開溝，施入漚熟的餅肥或廄肥（含雞屎、鴿糞等），也可以是復合肥，然後覆土蓋好，這樣當葉芽抽生新梢時，就有足夠的營養供應，不至於因營養不足而導致其發出細長瘦弱的枝條，也不至於因缺肥而使其孕蕾不能順利進行。

64 如何防止梅椿落葉？

梅椿盆景以觀形、賞花、聞香為主要目的，要使其花繁、色鮮、香濃，關鍵在於養護好葉片。不少梅花愛好者，往往因澆水和防治病蟲不得法，屢屢造成植株大量落葉，嚴重影響了梅椿的孕蕾開花和觀賞。造成梅椿落葉的原因主要有以下幾個方面：

一是盆土猛澆水，造成落青葉。因連續陰天而忽略澆水，或因天氣乾旱澆水過少，待盆土乾燥後才突然發現，忙亂之中猛澆大水都會使整株梅椿上的葉片全部落光。這樣會嚴重阻礙花芽的分化，甚至來年不開花。

遇到這種情況，正確的做法是：當發現盆土過乾時，可先給枝葉噴水，然後再在盆土裡澆少量的水，使根部逐漸濕潤恢復後，第二次再澆足水；或者將其搬至陰涼處，盆外灑水，盆內澆少量的水，待其乾僵了的根毛慢慢復蘇後再給予正常澆水。

二是盆內積水爛根，造成落黃葉。當春夏之交陰雨連綿時，或因土壤過分板結，通透狀況不佳，由於根部窒息，部分鬚根喪失了正常的吸收功能而腐爛，大多表現在枝條上的葉片逐漸發黃脫落。避免梅樁葉片發黃脫落的方法是：當連續下雨時，應將梅樁盆景挪放至傾斜或橫倒，讓盆內過多的水分及時排出，待雨過天晴後再重新扶正花盆；此外，為防止梅樁葉片發黃脫落，還應經常給盆栽梅樁鬆土，保持其根部通透狀況良好。

三是防治病蟲用藥不當，造成藥害落葉。當梅樁發生桃紅頸天牛、蚜蟲、蚧殼蟲等危害時，不少梅花愛好者，有蟲亂投藥，誤用樂果等噴施，雖能殺死害蟲，但同時也使葉片蒙受藥害而落盡。這種早期落葉，輕者影響生長、開花，重者極易造成植株死亡。當梅樁發生上述種類的蟲害時，宜先用殺滅菊酯、撲虱靈、殺蟲眯等農藥防治，也可採用人工捕殺或毒簽捕殺的方法，以避免藥害的發生。

應當注意：敵敵畏、敵百蟲、石硫合劑、波爾多液等對梅花均有不同程度的傷害，因此應盡量避免在梅樁有葉時使用，而改用其他具有相同功效的滅菌殺蟲農藥。

四是施用生肥、濃肥，造成肥害落葉。梅樁施肥宜用充分腐熟的稀薄餅肥液，忌用生餅肥、生雞糞等，更不能施用過濃的尿素液，否則，極易造成根部灼傷而落葉，嚴重者會使梅樁在短期內死亡。

65 梅花普遍發生捲葉病的原因及防治方法？

所謂捲葉病，是指梅花在水分缺乏狀態下，葉片兩邊向正

面中間對合捲縮，呈無精打采的萎蔫狀態，是生理性病害。捲葉病不僅影響梅株的美觀，而且嚴重時會導致葉片脫落。

誘發捲葉病的原因：長江流域夏季高溫少雨，土壤乾旱，空氣濕度低，光照強，而梅樹本身對水分的運送能力較差，其葉片多、葉質薄，水分蒸發又相對較快，在水分虧缺時極易發生捲葉現象。捲葉從5～6月開始，一直可持續到8～9月。雨後捲葉稍有緩和，葉片稍許平展。在及時灌溉、水分充足供應的情況下，不會發生大量落葉，也不會影響到花芽分化。

防治方法：梅花卷葉病是由梅花本身特別的解剖結構和生理特性，以及不良的氣候因素共同作用的結果。因而在廣大的梅花栽培地區，無法讓梅花在整個生長季節始終保持葉片正常的平展狀態。由加強管理，使其根系生長發育良好，營養鬚根發達，樹體壯實，增強植株的吸水運水能力，以避免或減少捲葉現象的發生。在高溫乾旱季節，要及時給予澆水和葉面噴水，保證捲葉不至於因過分嚴重而脫落。

66 梅花主幹內出現桃紅頸天牛如何識別與防治？

危害梅樁的桃紅頸天牛，每2～3年發生一代，以幼蟲在蛀食的蟲道內越冬。成蟲6～11月出現，長2.5～4.0公分，前胸為深紅色，其餘為黑色，且具光澤。白天靜伏於幹枝上或爬行，或交尾，卵產於被其咬傷的枝幹裂口中。7月中下旬卵孵化，幼蟲在幹皮下蛀食，長大後蛀入木質部，並從排糞孔中排出大量紅褐色鋸末狀蟲糞，嚴重時主幹被蛀空，植株枯死。幼蟲體長4～5公分，初為乳白色，老熟略帶黃色，前胸背板前緣中間有一棕褐色長方形突起，以第二年的幼蟲7～10月危害最

為突出。其捕殺和防治法如下：

(1)鉤殺幼蟲：7～10月間，發現梅樁基部有大量紅褐色鋸末狀蟲糞排出時，先將梅樁基部的土掏去一些，使蟲孔完全外露，再用直徑0.1～0.2公分的鐵絲從蛀道將幼蟲挑出刺死。

(2)注射農藥：如果蟲道深曲，不易挑出其幼蟲，可用注射器往蟲道裡注入內吸劑農藥，再用濕泥土封閉洞口，可殺死蟲道中的幼蟲。注意盡量不用樂果、敵敵畏等，以免發生藥害而導致落葉。

(3)毒簽毒殺：找出樁幹處的蟲孔，將蟲屎挑空，每個蟲孔插入1～5根毒簽，一般蟲孔方向朝下，毒簽應朝下插堵，插不進去的毒簽部分可折斷，外口用濕液堵住，殺蟲效果特好。

(4)樹幹塗白：成蟲產卵期到來前，梅樁基部給予塗白，既可防止成蟲在樹幹基部產卵，也可預防幼蟲潛入為害。若在樹幹基部發現有成蟲，必須立即殺死。

(5)石硫合劑防腐：對桃紅頸天牛危害嚴重的梅樁，除應殺滅其幼蟲外，還應在幹菀上塗抹石硫合劑，以防被蛀主幹木質部外露造成腐爛，也可減少天牛幼蟲的再度侵入。

 67 怎樣促成盆栽蠟梅多開花、香味濃？

(1)選擇優良品種，如「馨口」、「荷花」、「虎蹄」等；判斷蠟梅品種的好壞，主要有以下幾方面：

一是花冠要大，直徑達3.5公分以上；二是花瓣要圓而寬大，不能呈窄尖狀；三是花瓣顏色要純，以金黃色為上等；四是香味要濃，越香越耐久為上等；五是花期要長，不論是單朵花期，還是整株花期，越長越好；六是花朵開放後，殘瓣上不

帶黑色條紋為最佳。

（2）對花謝後的植株要作強度縮剪，只保留開花枝條基部的2～3對芽。

（3）肥料要充足均衡，氮肥要控制，多施磷鉀肥。

（4）光照要充足，一年四季均可接受全光照。

（5）處在花芽分化期的6～7月間要控制澆水，以「扣水」促成花芽分化。

（6）日常管理澆水要適量，堅持「寧乾勿濕、不乾不澆、澆則澆透」的原則。

68 怎樣促成蠟梅春節時開花？

一般蠟梅品種，在長江流域大多在春節前開放。為了延遲蠟梅的開放，可將快要開花的盆栽植株，擺放於0～2℃的環境中，空氣濕度維持在80%～90%，可使花枝內的酶蛋白活性降低，呼吸作用減弱，導致其開花進程減緩，可延遲蠟梅花開花時間30天以上。

69 以柳葉蠟梅為砧木嫁接的蠟梅為何易遭風折？

蠟梅嫁接一般宜用實生苗作砧木，不僅嫁接容易成活，而且嫁接苗砧穗生長同步，既可用於培育大苗，也可用於盆栽或製作盆景。以柳葉蠟梅為砧木嫁接繁殖的蠟梅，由於砧木的生長速度明顯慢於接穗的生長速度，必然導致砧穗接合部出現「蜂腰」現象，一遇大風吹襲極有可能招致風折。

為此，在選購蠟梅時，一定要辨別清楚蠟梅嫁接苗的砧木

個案篇

是什麼，盡量不要買以柳葉蠟梅作砧木繁殖成活的苗子。柳葉蠟梅葉片細窄，葉背面被有白粉，易於辨認。

70 茶梅新葉脫落怎麼辦？

茶梅新葉遭受蟎類危害後，再感染網餅病就導致其脫落。此病在4～6月和9～10月發生較重。主要發生在已充分展葉的新葉上，老葉受害較少。病斑多發生在葉緣或葉尖，但在葉片的其他部分也可發生。初期在病葉上產生針頭大小的油漬狀小點，淡綠色，以後病斑逐漸擴大，呈暗褐色。病部組織變厚，有時向上反捲，葉背面沿著葉脈出現網狀突起。

防治方法：重視防治蟎類危害，可用25%的倍樂霸可濕性粉劑1500倍液，或20%的滅掃利乳油2000倍液噴殺；發病初期，用75%的百菌清可濕性粉劑600倍液，或70%的甲基托布津可濕性粉劑1000倍液，或0.5：1：160的波爾多液，交替進行噴霧防治，每隔半月1次，連續3～4次。

71 如何養好茶梅？

茶梅通常扦插繁殖，扦插後1～2年內不讓其開花，以養好樹形，3年後才能讓其開花。在管理上主要掌握好土、肥、水和光照等。盆土要選用具有酸性、疏鬆、肥沃的特點的腐葉土，以適宜茶梅生長。

茶梅是多花性木本花卉，較喜肥，除換盆時摻入少量腐熟餅肥等有機肥外，在生長期要經常施少量腐熟淡餅肥水（水肥比為10：1），尤其要在3月、5月、7月、10月各施一次肥。

為了使茶梅孕蕾多，6月份應控肥水，以免營養過盛使花芽轉成葉芽而減少花蕾數，在7月份施少量過磷酸鈣1～2次，可使花朵顏色更艷麗。

水的管理是養好茶梅的關鍵，以保持盆土稍有點濕潤為宜，不可使土壤過濕或缺水乾燥。如過濕則通氣性差，時間長了易爛根，過乾則不利生長。

春季需保持適量水分，以利生長，梅雨季要防止盆土過濕。夏季高溫時幼齡茶梅要適當遮蔭，或把花盆移放朝東或朝北方向，每天噴水一次，葉面也要噴水，並注意通風和光照，保持葉面清潔。冬季防止長期失水或過濕，否則易出現落葉落蕾、花期短等生長不良現象。

修剪疏蕾在8月前後進行，一般每枝留一個蕾，凡過密、生長不良和著生方向不好的都應疏去。修剪在換盆或者春季花後的6月中旬進行，剪去樹冠內部一些纖弱小枝、過密枝、內向交叉枝，使之疏密有致，通風透光，可減少蚧殼蟲的產生。

72　月季花為什麼越開越小？

月季花越開越小，這是一種比較普遍的現象，特別是長江流域地區，進入高溫多雨季節，大部分品種都處於半休眠狀態，續發的新枝繁雜細弱，參差不齊，開花更不理想。如何來克服這種現象呢？可從以下幾個方面入手：

(1)為其創造一個良好的適生環境：盆栽月季宜放在既通風、日照又在半天以上的位置，一般每天光照應不少於6個小時，以利於其進行光合作用積蓄養分。維持適宜的溫度條件，白天18～25℃，晚上10～15℃，是花朵生長的最佳條件，超過

個案篇

30℃則生長不良。掌握好澆水，宜乾透澆透，春、夏、秋三季在 10 時前澆水，並維持對其最為有利的相對濕度 75％～80％；以富含有機質、疏鬆肥沃、透氣性好的微酸性至微鹼性的團粒結構土壤作栽培基質，忌積水、板結或含石灰質過多的土壤。

(2)選用扦插的苗木：因為嫁接苗，一年生、二年放（成形）、三至四年勢最旺，以後漸老難復壯；而扦插苗，壽命長，十年左右仍正常生長。嫁接苗超過 5 年以上的植株可酌情淘汰，最好用自己培育的扦插苗盆栽，可長時間保持生長旺盛、開花長久。

(3)搞好盆栽月季的修剪：

①生長期修剪：一是抹芽。春季對過密的幼芽要及時摘除，一個主枝保留 2～3 個健壯的芽即可，自春季開始至冬季休眠，隨時進行抹芽，避免養分的過度消耗，以利於其花孕蕾開花。二是摘蕾。盆栽雜交香水月季，只保留中間一個主蕾，使其花朵碩大豐滿；對聚花類品種，可以摘去主蕾及過密的小花蕾，使花期集中、花朵大小均勻；對新植株第一次形成的花蕾最好先行摘去，以便形成良好的株形。三是除殘花。花朵將近凋謝時，應立即剪去殘花，一般是從花朵往下數，在第二個五片小葉的復葉上面約 0.5 公分處下剪，保留第二個五片小葉復葉的腋芽。

②休眠期修剪：當氣溫降到 5℃以下時進行修剪。對長勢不夠強壯的植株施行弱勢強剪，約剪去全株的 2／3，留 2～3 個主枝進行短截，使其營養集中；對花勢正常、株勢勻稱的植株進行中修剪，約剪去 1／2，適於易發條的品種；對長勢茁壯的植株進行弱修剪，約剪去 1／3，以防止養分過度消耗。

此外，還需經常剪去枯枝、病枝、瘦弱枝及內膛枝。修剪後的殘枝病葉等要收集燒毀。三年生以上的老幹，還要選擇植株基部新抽的健壯嫩梢（或腳芽）替代。剪口要平，防止枝條因剪口擠壓而破裂。

(4)重視盆栽月季的施肥：一是及時換盆。月季應堅持每年換盆1次，一年不換盆，當年開花肯定不多，幾年不換盆肯定是葉稀花小；盆土中要加入足量的腐熟有機肥。二是勤施追肥。平時在澆水時酌加少量肥分，如已發酵過的餅肥液、魚腥水、禽糞、骨粉等，交替使用，一般在現花蕾前，每隔7天施1次；開花過後隔10天施1次，開花期間一般不施肥。早春萌發新葉，新梢尚呈紅色，正值旺生新根時，不宜追肥，更忌濃肥。月季從開花凋謝修剪後到下一次現蕾開花，一般約需50多天，在此期間應注意追肥。

(5)及時防病治蟲：月季蟲害主要有蚜蟲、紅蜘蛛、蚧殼蟲、尺蠖、薔薇葉蜂、金龜子等，要有針對性地選擇農藥噴灑防治；病害主要有白粉病、黑斑病等，應以防為主，防治結合，治早、治小、治了，以免對月季植株釀成較大的危害。

73 盆栽月季生長不旺應怎麼辦？

盆栽月季來年能否長得枝壯葉茂、花繁香濃，冬季進行縮剪整形和翻盆換土至關重要。

(1)縮剪整形：盆栽月季的縮剪整形以11～12月為好。當盆栽月季植株停止生長、開始落葉後，即可開始進行強度修剪。

①先將植株上的病蟲枝，瘦弱枝，枯死枝，交叉枝全部從

基部剪去，使整株月季保留 3～5 個生長健壯的 1～2 年生枝，並且要分布夾角均勻，以使明年能形成良好的株形。

②對留下的枝條進行強度縮剪，保留基部 10～20 公分，約有 3～5 個節芽，剪口芽向外，以使來年形成開放型的樹冠。

③修剪時要認準嫁接的砧穗接合部位，砧木上的萌芽要徹底抹去，保留的枝條必須是接穗上抽生的壯枝，否則會丟失優良品種，退為由砧木抽生的一般或野生品種。

④條件許可時，可將剪下的枝條截成插穗，用激素處理後進行全封閉保濕扦插，也可將其用作嫁接之穗條或穗芽，以便繁殖更多植株。

(2)**翻盆換土**：盆栽月季宜每年換盆 1 次，盆鉢逐年加大。若幾年不換盆，根群生長受阻，在盆底或盆壁出現結根現象，勢必造成根系吸收水肥機能衰退，導致枝條逐漸枯死。翻盆時間以越冬前為好，最好與縮剪同步進行。換盆時待盆土乾爽後，將植株從盆中脫出，輕輕挑去部分宿土，剪去老化及枯死的根系，選一個較原盆稍大的花盆，施足漚熟的基肥，用肥沃的培養土重新栽種，以保證植株來年生長旺盛，開花持久。

有條件的場所，可將修剪換盆後的月季連盆一併埋入土中越冬，北方地區宜移入室內或放置於避風防寒處，以保證冬季盆土不結冰為宜。

74 月季接插繁殖怎樣進行？

月季用播種法繁殖，不易獲得種子，且子代不能保持母株的優良性狀；用扦插法繁殖，又不易生根；若用一般的嫁接法繁殖，通常第一年扦插培育砧木或採挖野薔薇等定植作砧木，

花卉專家門診

次年再行嫁接，要經 2 年時間才能成形開花。能否做到嫁接與扦插同步進行，並在一年內促使其快速成形開花，在月季花生產中，具有重要的現實意義。這裡介紹一種秋冬季地膜覆蓋接插繁殖的新技術。

(1)砧穗準備：所謂砧穗，是指用作砧木但尚未扦插成活的穗段。通常於 11～12 月間，選用抗性強、生長健壯的「伊麗莎白」品種或野薔薇、粉團薔薇的一年生粗壯枝條作砧穗。枝條直徑 0.5～0.8 公分、長度 10～20 公分，用利剪截取後，下部剪成馬耳形或平口，捆成小把置於濕布中以備扦插。

(2)接穗準備：選用優良品種的月季當年生壯枝作接穗，粗度與砧穗相仿或略細，長約 6～8 公分，一般具 2～3 個飽滿的芽，過嫩的梢端或髓心較大的枝條不可取，枝條基部葉芽不飽滿的枝段也不可用，將選作接穗的枝段包裹於濕布中備用。

(3)嫁接操作：可用劈接或腹接法。

劈接：先用利刀在選作砧穗的上端截面正中縱切一刀，深約 1.5～2.0 公分；然後將用作接穗的枝段，在下端約 1.5～2.0 公分處削成楔形，再將其楔形端插入砧穗的劈接口中，使穗砧間至少一側的形成層對準，用塑料帶綁縛好穗砧接合部。

腹接：先在用作砧穗的枝段中部成 30° 角斜切一刀，切口深度約 1.5～2.0 公分；繼之將用作接穗的枝段下部 1.5～2.0 公分處削成偏楔形，接著將其楔形端準確插入腹接口中，使穗砧間的形成層對準，用薄膜帶將穗砧接合部捆好，以備扦插。

(4)扦插覆膜：選擇背風向陽、排水良好的沙壤地塊作床，將土壤充分翻耙後，作成寬 1.0 公尺、高 0.3 公尺的平整扦插床。扦插前先將土壤噴濕，緊接著將嫁接好的插穗按 10 公分×15 公分的株行距扦插入床，入土深度以掩沒穗砧接合部為宜，

以利於借助土壤的溫、濕度，促進接口的癒合。再在扦插床兩側插入竹弓或可彎曲的紫穗槐枝條作弓架，弓高約 30 公分，上覆塑料薄膜保濕增溫，薄膜四周用土塊壓埋嚴實。

(5)插後管理：在插穗生根和穗砧接合部癒合過程中，應保持插床濕潤，但不得有積水，發現床面乾燥時可利用側方灌水的方法來補充水分。插床防寒，以冬季土壤不結冰為度。一般半個月後砧木下切口開始癒合，一個月後癒合組織即可分化出根系，穗砧接合部也已癒合溝通。翌春 3 月挑開植株周圍的表土，用刀片切開綁紮帶，再重新將土壅好。4 月初揭去薄膜，以後每半月施一次薄肥，進入梅雨季節即可上盆或移栽。生長季節及時抹去砧木上的萌芽，並兼顧打頭摘心，當年就能成形並開出鮮艷的花朵。

75 月季葉片出現黑斑病怎樣防治？

月季黑斑病是世界性病害。此病主要侵害月季葉片，也侵害葉柄、葉脈、嫩梢、花蕾等部位。發病初期，葉片正面出現褐色小斑點，逐漸擴展成圓形、近圓形或不規則形黑紫色病斑，病斑邊緣呈放射狀。到了後期，病斑中央組織變成灰白色，其上著生小黑點粒，即為病源菌的分生孢子盤。

有的月季品種，病斑周圍組織變黃，有的品種在黃色與病斑之間有綠色組織，稱為「綠島」。病斑之間相互連接，使葉片變黃脫落。嫩梢上的病斑為紫褐色的長橢圓形斑，不久變為黑色，病斑稍隆起。葉柄、葉脈上的病斑與嫩梢上的相似。花蕾上的病斑多為紫褐色的橢圓形斑。

防治方法：①清除病葉，及時銷毀；②春季剛展葉或發病

花卉專家門診

初期，用45％的噻菌靈（特多克）懸浮劑500～600倍液噴霧，或用70％的百菌清可濕性粉劑500倍液噴霧，交替使用，每隔7～10天1次，連續3次以上，防治效果較好。單用百菌清比用多菌靈效果好一些。

家庭盆栽月季上發現少量黑斑，可在病斑兩面塗抹達克寧軟膏，也能有效控制病斑的擴展和防止病害的蔓延。

76 怎樣識別和防治月季白粉病？

白粉病對月季危害較大，病重時引起月季植株早落葉、枯梢、花蕾畸形或完全不能開放，大大降低其觀賞和經濟價值。早春，病芽展開的葉片上下兩面都布滿了白粉層，葉片皺縮反捲、變厚。呈紫綠色，逐漸乾枯死亡，成為病侵染源。生長季節葉片受侵染，首先出現白色小粉斑，後逐漸擴大為圓形或不規則形的白粉斑，嚴重時白粉斑相互連接成片。捲葉比較抗病。嫩梢和葉柄發病的病斑略腫大，節間縮短，病梢有回檔現象。葉柄及皮刺上的白粉層很厚，難剝離。花蕾被滿白粉層，萎縮乾枯，病輕的花蕾開出畸形的花朵。

防治方法：①發病初期用30％的特富靈（含氟菌唑）可濕性粉劑1000倍液噴灑，10天後再噴1次；②用27％的高脂膜乳劑140倍液均勻噴霧，每半月1次，連續3～4次。③用40％的多硫懸浮劑500倍液噴霧。④家庭少量盆栽，可在白粉斑正反兩面塗抹達克寧霜軟膏或皮康王軟膏，防治效果較好。

77 如何促成牡丹種子的正常發芽？

牡丹種子發芽時間長、發芽率不高、發芽不整齊，是一種比較普遍的現象，利用水培洋蔥的「活性水」澆灌牡丹種子，可有效地促進其提前發芽。

可選一個健壯的洋蔥頭，放在大小合適並裝滿清水的廣口玻璃瓶口，洋蔥底部根盆接觸水面，在其根盤上，很快即可長出鬚根，並長滿瓶子。一般情況下，3 天左右換水 1 次。與此同時，將發育良好的牡丹種子埋栽於圃地或花盆中，再將水培洋蔥換下的活性水，澆灌栽種牡丹種子的圃地或花盆，2 週左右即可萌發，而且發芽率較高。

78 「春分栽牡丹，到老不開花」原因何在？

9 月下旬至 10 月上旬分株或栽種牡丹，地溫較高，根部傷口容易癒合，並能很快長出新根吸收和運送水分、養分，這樣翌春即可旺盛生長或按時開花。如果分株栽種過遲，根部傷口難以癒合，第二年春季發芽後，生長和開花需要大量的水分、養分，但這時根部尚未長出新的營養鬚根，就會導致水肥供不應求，使植株長期處於萎蔫狀態或枯死。

另外，由於分根時間過遲，地溫升高，傷口遲遲難以癒合，也易導致病菌感染傷口而節節腐爛。

79 北方地區盆栽多年的桂花為何不開花？

北方地區盆栽桂花，長期不見其開花，主要原因與冬季的管理不當有關。因為桂花在冬季需要一定的低溫條件，才能進

花卉專家門診

入休眠狀態，來年春天方可旺盛生長，秋季才能正常開花。在北方地區，冬季室內都有取暖設備，室溫一般在 10℃ 以上，往往致使在室內越冬的盆栽桂花植株過早地抽芽展葉，沒有經過低溫休眠階段，又大量消耗了養分，再加上室內光照不足，空氣乾燥，必然導致樹勢減弱。春季出房一經風吹日曬，致使新梢嫩葉乾枯，再發新芽也不易開花。

為此，北方地區盆栽桂花，入室的時間不能過早，可在 10 月底經初霜後再搬入室內，這樣可使其經過一段較冷的低溫過程，促成植株進入休眠。入室後，室溫也不能過高，以維持 3～5℃ 為宜，並適當給予光照。

在室內越冬期間，應減少澆水，以維持盆土微潮即可。澆水過多易引起植株爛根和落葉，同時還應注意室內的通風透氣。盆栽桂花出房宜早些，一般在植株萌動前的驚蟄前後較為適宜，如芽已萌動後再出室，就要影響到當年的開花。

由於黃淮之間春季出房後乾旱風比較強勁，出室後應將其移放到背風向陽處，或及時搭棚保護，否則遇到乾旱風，新發春梢就會遭受風乾枯損。

由於桂花的花芽大多孕生於當年生新梢的葉腋裡，花芽分化在 4～5 月間，保護好新抽嫩梢至關重要。生長季節，可追施些腐熟的稀薄有機肥，促使其枝葉旺盛生長。7 月以後，可追施些磷鉀肥液，如 0.3% 的磷酸二氫鉀溶液，可促成花芽的迅速膨大。到了 9 月中下旬，盆栽的桂花植株便可陸續開花。

80 四季桂為啥不開花？

四季桂不開花的原因，主要有以下幾個方面：

一是未進行及時修剪。四季桂若不給予及時必要的修剪，營養生長過旺會影響生殖生長，導致其不開花或少開花。但修剪時不要誤剪去春梢，因其花蕾會孕生在 5～15 公分長的當年生枝葉腋處，誤剪會影響其孕蕾著花。

二是土、肥、水管理不當。四季桂栽培宜用酸性沙質土，忌黏土和鹽鹼土。施肥必須氮、磷、鉀三要素均衡，可採用漚透的稀薄餅肥液加少量磷酸二氫鉀（濃度為 0.2%～0.3%）的配合供給形式，每月 1 次，氮肥過多也會影響花芽分化。四季桂喜稍濕潤的環境，持續高溫乾燥，也會影響花芽分化，或者出現葉片枯損、焦邊、黃葉現象，它最適宜的環境空氣濕度為 70%～80%，為此應加強夏、秋季的葉面噴水。盆栽四季桂，忌盆土積水。植株在新梢抽出 10～15 公分時要給予「扣水」，改澆水為噴水，借以抑制營養生長，促進花芽分化。

三是光照不足，在生育期間如果長時間擱放於蔽蔭處或大樹下養護，植株得不到適宜的光照，也會導致枝條徒長，影響植株的花芽分化，造成其不開花或少開花。

四是冬季室溫過高，盆栽四季桂冬季入室後應放在低溫處，以維持 0～3℃ 之間為好，可使植株來年長得枝條健壯、葉茂花繁。若冬季室溫超過 10℃，植株沒有經過必要的低溫階段，提前抽生新弱枝，翌春出室後這些嫩枝遇到乾風吹襲，很容易萎縮枯死，同樣會嚴重影響本年度的孕蕾開花。

81 貼梗海棠葉片背面長「鬍子」怎麼辦？

貼梗海棠在 4～5 月間，葉片背面出現長出灰褐色毛鬚狀物現象，那是因為感染了梨檜鏽病所致。葉片發病初期，先在正

花卉專家問診

面出現淺黃色小點，後擴大成圓形病斑，病部組織變厚，葉背隆起，並逐漸長出呈灰褐色毛須狀物，毛鬚狀物破裂後散發出鐵鏽色粉末，後期感病葉片枯死脫落。

防治方法：此病的中間寄生為檜（圓）柏類，包括龍柏等，為此，在貼梗海棠周圍的 4 千公尺範圍內，一般不宜栽種檜柏；盆栽植株，必須與檜柏類隔離養護。發病初期，用 25% 的粉鏽寧可濕性粉劑 1500 倍液噴灑枝葉，第一次在展葉初期，第二次在展葉 10 天後，展葉後 20 天即可停止噴藥。

82 怎樣進行貼梗海棠催花？

盆栽貼梗海棠催花，可先將其置於 3～5℃的冷涼處，經過 3～4 週，再將其搬入 15～20℃的棚室內，多給枝條噴水，適當增加光照，約過 25～30 天，即可繁花滿枝。

83 花市上購買的垂絲海棠為何出現「頭重腳輕」現象？

花市上購買的垂絲海棠植株，出現上部粗、下部細的不正常現象，主要原因是：該植株可能是以貼梗海棠作砧木繁育的植株，由於砧木為細小灌木，生長速度慢，而其上嫁接的垂絲海棠穗條生長速度要大大快於砧木，從而導致出現上粗下細的現象：可將植株深栽，一旦在砧穗接合部以上的部位誘生出根系，可將其下部的細腳部分剪去。

84 防治紫薇病用了波爾多液為何出現葉片發黃脫落？

紫薇對含銅離子的殺菌劑非常敏感，誤用含有銅離子的殺菌劑，易造成其葉片因藥害而發黃脫落，而波爾多液中恰恰含有 $CuSO_4$ 的成分，從而招致其葉片出現噴藥後不正常的發黃脫落現象。為此，在防治紫薇的病害時，應選用不含銅離子的殺菌劑。

85 庭院中栽培爬牆虎會損壞牆體嗎？

　　爬牆虎的攀援和依附過程主要靠兩部分完成，即大量捲鬚頂端的吸盤軟附著和中下部成束殘死莖鬚牽引攀抓固定。它在牆壁上大面積爬行布局是依賴其捲鬚頂端為數眾多的吸盤吸附於建築物表面爬行實現的；中下部粗大的藤本上有一些吸盤枯死後殘存的莖鬚，憑借牆腳或牆體的細微縫隙或凹凸，幫助植物體依附固著於牆面上。活吸盤與殘留莖鬚的共同作用，使植物體得以在磚石和水泥牆面上自然爬布、結幕覆蓋，但一般不會對牆體造成損害，理由有以下三個方面：

　　第一，吸盤分泌物不會酸蝕牆體。經測定，吸盤和捲鬚細胞的有機酸含量，以草酸計為 $0.1\% \sim 0.2\%$，而一般供飲用汽水、果汁露的有機酸含量為 0.8%，吸盤內的有機酸含量比飲用汽水還低 $4 \sim 8$ 倍，而且是以結合酸的形式存在於細胞內。吸盤在牆面吸附固定後就在短期內乾枯，其作用並不是從牆體中獲得營養，而只是讓藤蔓借以黏附爬升而已；在乾枯的組織中有機酸無法運行，吸盤內也不可能存積有機酸。將活的吸盤放在石蕊試紙上 24 小時，也並未發現試紙變色。

　　其二，活吸盤不會產生機械破壞作用。吸盤的作用是借助黏液使細小的幼嫩莖蔓得以牢固地附著於牆面上，而不是分泌

黏液破壞牆體表面，然後「紮根」於牆壁，故不會有機械破壞作用。解剖吸盤結構表明：爬牆虎從四葉期生長捲鬚，端部出現一針頭大的不整齊圓帽，隨後逐漸長成凹凸不平的盤狀物，當它吸附在牆面後再明顯長大，盤的吸附面平整並有一內凹，枯死時揭下，凹陷內常黏有牆面的遺留殘餘物，而吸盤的背面則呈弧形；其吸附原理略同於家庭用的「水拔子」，即借助於凹面的濕潤，牢固地貼附於牆面上，但不會損傷牆面。

其三，中下部粗大莖蔓上的成束殘留莖鬚對牆體也無大礙。只要牆體勾縫結實，無明顯鬆散的縫隙，一般不會對牆體或磚石表面產生破壞。它的殘存莖鬚頂多只是利用磚石表面的微孔和不明顯的凹凸來鞏固原來的抓附結果罷了。

86 如何使紫藤花繁葉茂？

紫藤又名藤蘿，為落葉大型藤本，因其具有較高的觀賞價值，所以應用形式豐富。最常見的就是攀附於籬垣、棚架、亭、廊之上，其綠蔭滿地的葉片與大型下垂的花序優美可人。素有「紫藤掛雲木，花蔓艷陽春」之景。在庭院中纏繞於花架、花門上，使庭院呈現出龍騰蟠曲的景色。

紫藤喜陽光，略耐陰，抗寒力強，喜濕潤，好肥，但也能耐乾旱。適應性強，地栽只要注意做到以下幾點，便可花繁葉茂，連年開花不絕。

紫藤宜栽種在土層深厚，疏鬆肥沃而又排水良好的向陽避風的土壤中。定植前需搭設永久性堅固的棚架，將其定植在植架南側。紫藤的花芽多著生在枝條的基部，每年春季應對側枝進行短截，並剪除過盛枝條、病弱枝，促進花芽形成。

對新生枝條要人工牽引並將枝蔓分別綁紮在架上，任其在棚架上均勻分布，沿架攀緣。紫藤莖幹的纏繞能力極強，對樹木具有絞殺的作用，所以一般不可植於活樹旁。但在已經枯死而樹體仍在的大樹旁種植紫藤，讓紫藤的莖幹攀纏而上，則可收到枯木逢春的效果。

另外，在牆面搭架或支撐立柱，則紫藤也可纏繞而上，美化牆體。還可將紫藤種於草地、溪邊或假山旁，以花灌叢的形式進行點綴。

87 盆栽紫藤為何難開花？

盆栽紫藤不易開花，主要原因是養護管理未精細到位。

①要及時剪去殘花，防止莢果生長消耗養分。

②及時剪除過長的莖蔓，防止其纏繞到別的物體上，凡是纏繞它物的盆栽紫藤，均不會開花，甚至幾年不開花，以養成灌木狀為好。

③越冬時室溫不能過高，否則易造成其不能充分休眠，消耗體內的養分，影響到來年的開花，一般以 0℃ 左右的室溫越冬為好。

④要控制好施肥的種類和用量，一般可在花前略施薄肥水，花後追施遲效磷肥，如多元緩釋復合肥顆粒，促進花芽分化，冬夏二季可以不施肥。

88 常春藤和洋常春藤有何區別？

常春藤別名也叫中華常春藤，中華常春藤原產秦嶺以南地

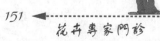

花卉專家門診

區，分布於華南、華中、華東、西南地區及甘、陝等地。其葉片較小，深綠色；極耐陰，喜溫暖，較耐寒，喜濕潤，而不耐澇，可行露地栽種，也可供室內長期裝飾。中華常春藤極易扦插繁殖，常春藤中具花斑的品種在扦插時一定要選取帶有部分綠色葉的枝條，否則難以成活。

洋常春藤原產歐洲至高加索、亞洲、北非，其葉片較大，常見葉片上有銀邊、金邊、銀心、金心及各種不同形狀的斑紋。多盆栽或作為吊盆栽植，喜光，稍耐陰，喜溫暖，不耐寒，喜濕潤。

常春藤和洋常春藤在栽植中應注意以下幾點：

(1)**澆水適度**：生長季節要乾濕相間，盆土過濕會引起爛根落葉。冬季要控制澆水，盆土微濕即可。氣候乾燥時，可向葉面噴水，保持葉色嫩綠而有光澤。

(2)**溫度光照適宜**：生長適溫為 20～25℃，怕炎熱，不耐寒，夏季要防止強光直射，冬季室溫應保持 10℃以上，最低不能低於 5℃。洋常春藤喜光照，應放在室內光線明亮處養護。

(3)**合理施肥**：盆栽洋常春藤宜選用腐葉土或泥碳土加 1／5 河沙混合作培養土。生長季節每半月施一次稀薄餅肥水或復合化肥。忌偏施氮肥，否則葉面上的花紋會變淡或退為綠色。但施有機肥時不能黏污葉面，否則會引起葉片焦枯。

(4)**及時修剪**：盆栽可種 2～3 株，長到一定高度時要注意及時摘心，促其多發枝長葉，形成豐滿株型。2～3 年於早春換盆，再對植株進行適當修剪。

89 花葉常春藤的夏季養護應注意什麼？

花葉常春藤在 15～25℃ 時的氣溫條件下最適宜生長。夏季的高溫悶熱氣候對花葉常春藤的生長是十分不利的。在室外氣溫達到 28℃ 以上時，需放置在室內涼爽通風處或室外半陰處。在氣溫 28℃ 以下必須日曬。如在室內置放太久，葉片易退色，最好一段時間換一下環境，以保持葉面著色鮮艷。

常春藤類植物屬多年生觀葉藤本植物。平時應保持盆土濕潤，如光照強又處於乾旱，葉斑會褪色而完全變成綠色。夏季 7～8 月間氣溫上升至 32℃ 以上時，植株停止生長，此時澆水應間乾間濕，同時也應停止施肥，以免葉片發生乾枯。

保持空氣濕度也是花葉常春藤夏季養護的關鍵之一。盛夏應每天向葉面和花盆周圍噴水 2～3 次，以降低氣溫和增加空氣濕度；亦可將花盆置於盛水的淺盤上，用石塊將盆底墊起，使之不與水面直接接觸，為植株的生長創造適宜的小環境。

花葉常春藤夏季主要蟲害以蚧殼蟲為主，蟲害發生時應加強通風透氣，少量蟲害可用牙刷蘸肥皂水刷乾淨，過多可用氧化樂果 1200 倍液噴灑防治。

90 山茶花能否嫁接在茶樹上？

茶樹與山茶花、油茶雖為同科同屬植物，但茶樹與山茶花的形態特徵差異較大，且親緣關係也相對遠一些，從植物分類學角度看，山茶屬於山茶亞屬，而茶樹則屬茶亞屬，兩者之間的區別僅次於屬間關係；油茶和山茶則無論其形態特徵，還是親緣關係都要相對近一些，從分類學角度看，包括滇山茶、福建山茶、浙江山茶在內，同為紅山茶組，油茶則屬油茶組，油茶和山茶同為山茶亞屬中的一員。因此可見，用茶樹作山茶花

嫁接的砧木，成活的可能性要小得多，通常不被採用。

　　山茶花嫁接通常用單瓣山茶花或油茶作砧木。一是用芽苗砧嫁接，前者親和力強，後者在後期有不親和現象。若採用芽苗砧嫁接，最好採用單瓣的山茶籽播種培育砧苗。二是半熟枝嫁接，利用粗種山茶或油茶的成年苗作砧木，進行換頭腹接，借助砧木龐大的根系和旺盛的生長勢，促使接穗快速生長，1～2年內即可培育成名種山茶花的大型植株。

　　嫁接適宜溫度為 25～30℃，此時皮層易撕開，嫁接後癒合快，成活率高。一般夏接砧木，在 2 月底以前進行修剪；秋接砧木，在 6 月上中旬進行修剪。嫁接時對直徑 1 公分以上的枝條均採用拉皮接，即在砧木適當的部位，上、左、右各刻一刀，深達木質部，將皮拉下，其長度與接穗的削面要一致，然後將削好的山茶接穗貼在砧木被拉皮的內側上，將皮合上包住接穗，接著用塑料帶綁住，露出芽頭，再套上塑料袋保濕，促進癒合，一個月後解除塑料袋並進行鬆綁。待接穗抽生新梢，逐漸木質化後，方可全部解除綁紮物。若砧木粗度與接穗相仿，則以腹接為好。

91　山茶花為何掉苞落蕾？

　　家庭種養的山茶花一般從 2 月份就能相繼開花，但往往會出現已孕花蕾的植株總開不了花，有的甚至出現大量花蕾枯焦脫落，一朵也開不出來的不正常現象，究其原因，與長期濕度不夠、缺少通風、空氣污濁、室溫過高、盆土過乾或過濕、誤施濃肥等因素有關。盆栽茶花不宜過早入室，冬季可在簡易塑料棚中越冬，只要維持盆土不結冰即可。冬季應保持盆土濕

個案篇

潤，盆土過乾後猛澆大水極易導致植株落葉掉苞。

對擱放於室內的盆栽茶花要多噴水、少澆水，多向地面灑水，借以提高空氣濕度，既有利於葉片保持濕潤，也有益於花苞的生長膨大。開花前應維持 5～7℃左右的室溫，開花時的溫度保持 10～15℃為好，最高不能超過 20℃。

室內還應保持空氣流通清新，不能有煤煙等有害氣體存在，否則很容易造成落葉掉苞。

92 雲南山茶花因光照不足而掉蕾怎麼辦？

雲南山茶花越冬時光照不足易出現落蕾，補充光照有兩種途徑：

①將植株移至南向窗前，可增加山茶植株接受自然光照的時間，在我國中部地區，用此法即可滿足喜半陰的雲南山茶花對光照的需求；但在東北地區的室內，此法尚不能滿足雲南山茶花對光照的最低要求。

②採用人工光源增加光照時間和光照強度，一般用白熾燈泡加反光罩，40～60 瓦或 100 瓦的燈泡均可試一試。

通常不用日光燈，因為光譜測定結果表明，白熾燈所發射的光譜與日光譜最為接近。但應注意燈泡要離開植株葉面 1～1.5公尺，否則大功率的燈泡也易造成葉面灼傷。

補充光照時間除了利用日光的自然光照時間外，以控制在 2～3 個小時左右為度，觀察一下山茶植株葉片、花蕾的狀態後再重新調整。人工補充光照要有一個逐步摸索的過程，特別是在家庭條件下，因為溫度、濕度變化都不像溫室中那樣比較一致，出現幾次失誤也是在所難免的，最好可參照一下北方地區

花卉專家門診

君子蘭的冬季補充光照方法，如用洗相片的 25 瓦紅燈泡，離花株 1～1.5 公尺遠照射，以及補充光照的時間長短和光照強度，加以仿效移植也無不可。

此外，在給山茶花補充光照的同時，還應注意室內的溫度，應不低於 10～15℃。盆土要保持濕潤，葉面要經常給予噴水，花盆的排水孔處不能漏風，否則同樣還會出現落蕾現象。

93 山茶花受凍後怎麼辦？

山茶花受凍的具體表現為：先是葉片萎靡不振，繼之葉片捲縮，最後葉片枯焦而不凋落。

補救措施：如發現頂芽還挺起，可用塑料袋連同盆底一併套起，放到溫暖的室內，見盆土發乾了，可少澆些水，葉片給予噴水，約經過 30 天，枯萎的葉片逐漸脫落，頂芽開始萌動，可繼續套袋，盆土切忌過濕，到了 5～6 月間，頂芽展放新葉後，方可撤去套袋，擱放於半陰濕潤處養護。

94 怎樣區別單瓣和重瓣茶花？

①看葉片，單瓣者葉片邊緣鋸齒十分尖銳，且排列整齊，葉片不很大，質地較脆，微折即斷裂；重瓣花品種的葉片則相反。

②看花苞，單瓣花苞較尖小，呈橢圓形，用手指按壓花苞感到柔軟中空，將花苞從中間撕裂開，剖面內只有 1～2 層花瓣，雌蕊和雄蕊發育完全；重瓣品種則與上述現象相反。

95 澆尿素液後山茶花為何突然落蕾掉葉？

山茶花追施尿素液後，出現蕾落葉掉的原因是：尿素液的濃度過高。根據筆者種養山茶花的經驗，當澆施尿素液的濃度超過0.5%時，尿素肥料中的氮素不僅不能為山茶花的幼嫩鬚根所吸收，相反由於土壤中因尿素液的加入形成濃度極高的特殊土壤溶液，對山茶花的嫩細鬚根的根尖細胞易形成細胞液的反滲透，必然造成根毛失水後萎蔫枯死，最後導致山茶植株的全株死亡。

為了判斷是否是尿素液濃度過大所致，可將山茶植株從花盆中拔出仔細觀察一番，就會發現其肉質鬚根已脫水乾癟，顏色發暗，完全失去了應有的吸收功能，並會散發出一股濃濃的腐臭味；若剪斷山茶花的莖幹，可以看到形成層和韌皮部也不再是綠白色，而是呈現壞死的暗褐色。

為了避免山茶花因施用尿素液濃度掌握不好而造成不應有的損失，山茶花最好施用漚透的稀薄有機肥，如餅肥水、雞糞水、肥魚水等，比例為三肥七水，如確實需要用尿素作追肥時，其濃度最好不要高於0.3%，方可確保萬無一失。

此外，為慎重起見，也可用0.2%的尿素液噴灑葉面作根外追肥，則肥效要比根部澆花來得更好。

96 栽培山茶花時應掌握哪些技術要點？

山茶花原產於中國雲貴高原，冬無嚴寒，夏無酷暑，雨量多，空氣濕度大，陽光柔和，沒有乾風，土壤呈酸性。南方培

花卉專家門診

養山茶花相對容易，但中國北方的氣候和土壤與南方恰恰相反。因此，培養山茶花首先應配製酸性培養土，最好用松針土上盆，每年花謝後翻盆換土一次。在北京培養的山茶花，由於水質影響，會導致土壤的鹽鹼化，必需勤施「黑礬水」，普通澆花水應放置幾天後再用，如果發現葉片發黃應立即澆灌硫酸亞鐵溶液。

追肥時應澆灌麻醬渣水和磷酸二氫鉀 1000 倍液。當夏季植株出現過密枝、徒長枝、病蟲枝及內向枝時，必須剪除，以保持通風透光和良好的樹型。

栽培山茶花在春、夏兩季應適當遮蔭，秋季可多見陽光。開花前應在室外養護，加強通風。經常向四周噴水來提高空氣濕度，盆土應間乾間濕，為根系創造良好的通氣條件。冬季室溫不得低於 8℃，也不要超過 16℃。花謝後立即短截花枝，促使腋芽萌發抽生新枝，為再次開花做準備，如果短截過晚，長出的新枝來不及分化花芽，就不能再次開花了。

對多年生老株應進行疏剪，將一些過密的側枝從基部剪掉，以利通風透光，延長植株壽命。

 97 怎樣養護才能讓鴛鴦茉莉連續不斷地開花？

鴛鴦茉莉又名「二色茉莉」，為常綠灌木，花色由藍紫色漸變為白色，由於開花先後的不同，呈現出一樹兩色花，同時具有茉莉的香味，因而成為重要的盆栽觀賞花卉，花期 3～4月。

鴛鴦茉莉喜陰環境，不耐烈日暴曬，不耐寒，冬季室溫降到 12℃葉片就會發黑脫落。性喜溫暖濕潤氣候，生長適溫 15～

30℃，也不耐暑熱。如果溫度控制在 24℃，可常年開花。在肥沃的微酸性沙壤土中生長良好，在乾燥空氣中葉緣常常焦邊，遇到乾風葉片會枯黃脫落。

早春換盆的同時對所有枝條進行短截，促發側枝，4 月下旬出房後能繼續開花。喜水肥，若水肥不足會引起葉片捲垂，甚至落葉，影響生長發育。

苗木生長期要求充足肥水，並適量施用硫酸亞鐵水（濃度為 20‰），以利樹體健壯生長。出房後應放在陽光充足的地方，追施液肥，保持水分充足。花後摘心，夏季置於疏蔭下，並經常在四周噴水，增加空氣濕度，以利植株生長，每 10 天施液肥 1 次。10 月上旬搬到室內，放在南向窗臺附近多見陽光，再追肥 2～3 次，元旦前即可開花。冬季保持 10℃ 以上，注意通風透光，以防葉片發黑脫落。

98 怎樣使倒掛金鐘多開花？

倒掛金鐘，又名吊鐘海棠，為多年生常綠灌木。要使倒掛金鐘多開花，需要做好肥水供應和修剪工作。

倒掛金鐘較喜肥，盆土宜用腐葉土 5 份、沙壤土 4 份、腐熟餅肥 1 份配製的培養土，宜每年早春換一次盆。為促使其葉茂花繁，生長期間宜每隔 10～15 天施一次氮磷結合的稀薄液肥。

適期摘心是使倒掛金鐘多開花的一項關鍵措施。因為倒掛金鐘具有在新梢葉腑間著生花蕾的習性，摘心能多生長枝，多開花。營養生長期約半月摘心 1 次，促使其多分枝，一般在摘心 15～20 天以後，生出的新梢又能開出鮮艷的花朵，故多次摘

花卉專家門診

心具有延長花期的作用。同時進行適度修剪，通常多剪成圓頭形或塔形，這樣既可以在炎熱夏季減少水分、養分的消耗，又可以獲得分枝多而勻稱的株形。

9月後天氣轉涼，植株生長轉入第二個生長旺盛階段，此時應加強肥水管理，每週施肥1次，並適時修剪，清除過密枝。

99 如何使倒掛金鐘安全度夏？

倒掛金鐘性喜涼爽通風和半陰環境，生長適溫為15～25℃。溫度超過30℃時即進入半休眠狀態，這時極易出現落葉、爛根等現象，如不及時採取有效措施，就會引起整株死亡。因此，在養護中要注意以下幾點：

在5～8月的炎熱夏季，家庭盆栽需將花盆移至通風、避雨的陰涼處，這樣能避免陽光直射達到降溫目的。每天向葉面和花盆周圍噴水2～3次，並停止施肥，控制澆水，此時盆土以偏乾些為好。由於夏天午間是強光直射，因此，淋水最好在上午11時以前或下午15時以後進行。

進入夏季高溫前，可每隔7天施一次混合液肥以1：1的復合肥和尿素。到了夏季高溫季節，由於此時其生長緩慢，根系吸收能力下降，養分消耗相對減少，因此可以薄肥少施，約10天施一次混合液肥或不施肥。9月中旬後，氣候開始涼爽，進入生長旺盛季節，此時又可以7天施一次淡的混合液肥，為早春能形成健壯的植株打下基礎。

倒掛金鐘老株對溫度敏感，抗高溫能力差，而幼苗的抗熱能力較強，夏天一般不會落葉，因此，每年春季應扦插培育新苗，則有利於安全越夏。

怎樣使金苞花四季開花？

　　金苞花又名黃花狐尾木，為爵床科的多年生常綠小灌木，每當新梢出現，其頂端就會產生新的花序，只要栽培管理得當，便不斷有新芽生長出來，並形成花序。金苞花的盛花期為夏秋間，花苞金黃色，花型奇特，觀賞期長。

　　金苞花生長發育溫度為 10～27℃，在 20℃時生長最為適宜。春秋季節，應讓盆株充分接受陽光。夏季到來，金苞花進入生長旺期，必須做好遮陽通風工作。夏季高溫天氣要保持較高的濕度，對植株和地面要在早晚有規律地噴水和淋水，這樣才能使生長良好。

　　家庭培養，可把盆株旋轉陰涼、通風處。肥水管理要適當，金苞花生長期和開花期均長，所需肥水較金，平時常使盆土稍帶濕潤，每隔 10 天施 1 次腐熟餅肥水，開花期增施磷肥，使花開更艷。秋末應把盆株移入室內培育，充分接受陽光並重新整枝修剪開花後的植株，如果室溫保持 10℃以上，加強肥水管理，植株能持續抽蕾開放，金苞花如管理得當，一年四季可開花。

　　金苞花在其二次分枝枝長至 2～3 公分時，噴施 0.01%的矮壯素或 0.25%的比久（B_9）藥劑，可有效縮短其節間長度，減緩落葉，增加花序數量，促成植株矮化緊湊，提高觀賞價值。

　　一般金苞花在 10 月下旬就要入室，放置有斜射陽光的地方。冬季溫度一般不要低於 10℃，否則葉片會發黃脫落；因需水量很少，此時應保持盆土偏乾、微濕。春天出室後，初期應放於半陰處養護，新芽萌發展葉後才轉為全光照養護。

101 金苞花噴灑了樂果後爲何落葉掉苞？

6～7月間防治蟲害時，噴灑了樂果藥液後，金苞花會出現花瓣捲縮，葉片、花序、小枝脫落現象，這是因為金苞花對樂果、氧化樂果等農藥比較敏感，從而導致其輕者花瓣捲曲，重者葉片、花序、小枝脫落。為此，在防治蟲害時，要有針對性地換用其他農藥，如吡蟲林、殺滅菊脂等。

另外，珊瑚花、蝦衣花、狐尾木等，對樂果類農藥也比較敏感，在防治蟲害時也應避免使用。

102 丹東杜鵑爲何開花後葉片變小？

丹東杜鵑開花多、花期長，深受人們的歡迎。至於花後新抽發的葉片出現葉形變小的情形，可能有以下幾個方面的原因。由於植株大量花朵持續開花，而此時受室內氣溫的限制，其根系不可能大量吸收養分，因而會出現葉片變小的短暫現象，只要開花後加強水肥管理，為其創造一個土壤、溫度、濕度均比較適宜的環境，及時追施營養全面的肥料，植株再度新抽的葉片一定會恢復到原來的大小。但若是已經比較瘦弱的植株，情形要差一些。

另外，每一朵花即將開敗時，要及時將其殘花摘去，以免過多消耗植株體內的養分。至於葉緣發枯，可能是空氣濕度偏低、室內空氣乾燥，且室溫偏高等原因所致。

以後在盆栽丹東杜鵑開花期間要增加給植株周圍空間噴水、噴霧的次數，室溫控制在適宜的範圍內，可望避免植株葉

個案篇

緣枯焦現象的再次發生。

103 杜鵑花繁殖不易成活的原因何在？

家庭栽培條件下，杜鵑花繁殖不易成功，主要是由於花卉愛好者未能掌握住杜鵑花繁殖的關鍵技術要點。

杜鵑花繁殖在家庭栽培和生產中多用扦插法和嫁接法。

(1)扦插法：此法應用最廣，優點是操作簡便、成活率高、生長迅速、性狀穩定。

①時間。西鵑在 5 月下旬至 6 月上旬，毛鵑在 6 月上中旬，春鵑、夏鵑在 6 月中下旬，此時枝條老嫩適中，氣候溫暖濕潤。

②插穗。取當年生剛木質化的枝條，帶踵掰下，修平毛頭，剪去下部葉片，保留頂部 3～5 片葉，保濕待插。

③扦插管理。扦插基質可用蘭花土、高山腐殖土、黃心土、蛭石等，扦插深度以穗長的 1／3～1／2 為宜，扦插完成後要噴透水，加蓋薄膜保濕，給予適當遮蔭。一個月內始終保持扦插基質濕潤，毛鵑、春鵑、夏鵑約一個月即可生根，西鵑約需 60～70 天。

(2)嫁接法：優點是可一砧接多穗，多品種，生長快，株形好，成活率高。

①時間。5～6 月間，採用嫩梢劈接或腹接法。

②砧木。選用二年生的毛鵑，要求新梢與接穗粗細得當，砧木品種以毛鵑「玉蝴蝶」、「紫蝴蝶」為好。

③接穗。在西鵑母株上，剪取 3～4 公分長的嫩梢，去掉下部的葉片，保留端部的 3～4 片小葉，基部用刀片削成楔形，削

面長 0.5～1.0 公分。

④嫁接管理。在毛鵑當年生新梢 2～3 公分處截斷，摘去該部位葉片，縱切 1 公分，插入已削弱接穗的楔形端，形成層對齊，用塑料薄膜帶綁紮接合部，套上塑料袋紮口保濕；置於蔭棚下，忌陽光直射和暴曬。接後 7 天，只要袋內有細小水珠且接穗不萎蔫，即有可能成活。2 個月後去袋，翌春再解去綁紮帶。

104　比利時杜鵑生長開花不佳的原因？

西洋杜鵑，最早在荷蘭、比利時育成，係由皋月杜鵑、映山紅及毛白杜鵑等經反複雜交而成，是花色、花型最多最美的一類。其主要特徵是體型矮壯、樹冠緊密，習性嬌嫩、怕曬、怕凍。花期 4～5 月，花色有單色、復色、飛白、鑲邊、點紅、亮斑、噴沙、灑錦等；花形多為重瓣、復瓣，少有單瓣；花瓣有狹長、圓潤、平直、後翻、波浪、飛舞、皺邊、卷邊等。而近年風靡我國大江南北的比利時杜鵑，是西洋杜鵑中的一個特殊類群，與一般西鵑相比，花色更為艷麗，花形更為複雜，花期更為耐久。從植株上看，外觀更為矮壯，葉色濃綠可人，且葉片集生於枝端，分枝呈半開張形，開放時花團錦簇，綴滿樹冠，非常熱鬧靚麗。要使比利時杜鵑生長健旺、開花繁茂，應在管理上下功夫。

(1)用土：宜用泥炭土、腐葉土、鋸末等配製的混合土，也可單用闊葉林下的腐殖土，pH 值控制在 5.5～6.5 之間，通透性良好，不得有積水。

(2)場地：冬季室內或大棚內的溫度不得低於 3～5℃，否

個案篇

則會受凍；夏季室外過夏，要為其創造一個半陰而涼爽的環境，大量栽培最好要有間歇性噴霧裝置，借以提高小環境的相對空氣濕度。

(3)澆水：水質宜偏酸，3～6月份需每天澆水1次，或保持盆土濕潤，盆中有積水要及時排去；7～8月要隨乾隨澆，同時增加葉面噴水次數；9～10月保持盆土濕潤為宜，增加葉面噴水；11月至次年2月，要少澆水、多噴水，或改澆水為噴水。

(4)施肥：要求薄肥勤施，常用漚製的草汁水、魚腥水、餅肥水等，切忌用生肥、大肥、濃肥，且肥液不要沾污葉面，也可於葉面加噴磷酸二氫鉀溶液，濃度為0.2%。

(5)遮蔭：5～10月都應給予遮蔭，遮蔭時段通常5月為9～15時，6月為8～16時，7～8月為8～17時，9月為8～16時，10月為9～15時。

(6)修剪：幼苗期要經常摘芽打頭，促進側枝萌發，長大後以疏枝為主。

至於花期管理，開花時宜放置於室內通風處，維持8～10℃以上的室溫，在居家條件下，可開花2個月或更長時間。關於杜鵑開花期能否施肥，筆者的看法是：由於其開花期特長，開花量又非常大，在開花時只要室溫或大棚溫度在10～12℃以上，施以適量的無異味的速效肥，如0.2%的磷酸二氫鉀溶液，不沾在葉片和花瓣上，應該說有益無害，並且對植株花謝後的恢復生長也非常有利。

105 龍船花為何發黃落葉？

盆栽龍船花葉片失綠發黃，主要原因是盆土和水質偏鹼所

花卉專家門診

造成，利用澆施礬肥水可逐漸改變這種狀況。

龍船花葉片冬季出現大量脫落，是由於棚室溫度過低所造成，一般要求其越冬環境溫度不低於 5～8℃，同時保持盆土濕潤，給予葉面噴水，可避免植株大量落葉。春、夏、秋三季出現大量落葉，可能與土壤板結通透不良、誤施濃肥嚴重燒根、盆土過濕根系腐爛、盆土過乾且空氣乾燥引起營養鬚根之萎縮等因素有關。對已大量落葉的植株，只要其根系尚未全部壞死，莖稈尚存綠色，經過翻盆換土，剪去壞死根系，對莖稈進行強度縮剪，以後加強水肥管理，可望重新萌發枝葉。

 106 榕樹嫩葉為何枯焦捲曲？

榕樹在 8～9 月間出現新抽葉片發焦捲曲現象，可能有以下幾個主面的原因。

(1)病蟲原因：如榕樹葉斑病，會導致葉片出現黑色斑點，多發生在 6～9 月份，可剪去病葉，及時用 50% 的代森銨可濕性粉劑 1500 倍液進行防治；或者是遭榕管薊馬危害，其刺吸會造成葉片和嫩梢生長畸形，葉片捲縮，但受害部位為深紫紅色，南方地區全年均有可能發生，北方地區在棚內或蔭棚下均可能發生，可用 10% 的吡蟲啉可濕性粉劑 2000 倍液噴殺；另外，蟎類刺吸危害在高溫乾燥的條件下也會造成葉片枯焦捲曲，可用 25% 的倍樂霸可濕性粉劑 2000 倍液噴殺。

(2)環境原因：如突然將其從蔽蔭處搬放到陽光強烈處，會造成新葉發焦捲曲；再如空氣過分乾燥，特別是遭乾熱風的吹襲，也很容易造成新抽嫩葉發焦捲曲，應加強植株及周圍小環境的噴水增濕。

(3)誤用肥料或農藥的原因：如葉面噴灑了高濃度的化肥液，或噴灑了對榕樹嫩葉比較敏感（即有藥害）的農藥，都有可能造成嫩葉發焦捲曲。

107 垂榕為什麼會葉片枯焦？

垂榕，以其枝條垂軟，葉色常年濃綠，姿態婀娜，耐陰力強，越來越受到人們的歡迎，成為室內觀葉植物的新寵。養好垂榕應注意以下幾個方面：

(1)加強水肥管理：垂榕喜歡溫暖濕潤的環境。平時應適當澆水並保持空氣濕度，但生長期間也不可澆水過勤，每次澆水後應待表土乾後再澆第二次水，以免造成爛根。夏季早晚各澆一次水，同時向葉面噴水，增加空氣濕度。5～9月宜每隔半個月施肥1次。

(2)增加光照：垂榕雖然耐陰，但若長期置於室內，則會節間伸長，葉片垂軟，長勢瘦弱。因此，最好在春、秋兩季放在室外陽光下養護一段時間，可使其生長健壯，葉面更富有光澤。夏季光照過強時，要適當遮蔭，以免使葉片枯焦或捲曲變黃。垂榕不耐寒，冬季室溫應在10℃以上。

(3)及時換盆：為避免植株長勢過高，用中型盆鉢栽培即可。通常每1～2年換一次盆，換盆時換上大一號盆鉢，除去1／3舊土，增加新的培養土，同時對植株進行修剪。

108 如何使新上盆的瑞香發旺生長？

①栽種要淺，栽根不栽莖，培土至根頸部即可，切忌培土

過深。

②枝葉常濕，盆土稍乾，多噴水，少澆水。

③控制光照，夏季放在棚架下或陰涼處接受散射光，春秋季早晚多見光，冬季全見光（室內）。

④薄肥勤施，春秋二季抽芽生長時，要勤施薄肥，切忌澆施濃肥和人糞尿，夏季當氣溫超過 30℃以上時，要暫停施肥。

109 緬梔子葉片上出現角斑怎麼辦？

緬梔子葉片上容易出現角斑病。初為褐色小斑點，擴展後呈多角形至不規則形狀，邊緣暗褐色，內部淺灰色。病菌在寄主植物殘體上越冬。室外春季發生較多，溫室栽培 7～8 月發病嚴重。

防治方法：增施磷鉀肥，提高植株抗性；早春每隔 10 天噴灑一次 0.5%的波爾多液，或用 70%的代森錳鋅可濕性粉劑 600 倍液噴灑。

110 新購的盆栽梔子花為何苞枯葉落？

梔子花出現苞枯葉黃、相繼脫落的反常現象，主要有以下幾個方面的原因：

①居家的溫濕度與原來梔子花所在大棚中的溫濕度相差較大，並不排除梔子花在運輸（南方到北方）、銷售過程中已受寒，在家庭中主要是空氣濕度過分乾燥，也會導致秋天的花苞乾枯脫落。

②澆水不當。一般對盆栽梔子花，只要保持盆土濕潤即

可，但應多噴水。一旦澆水過多，很可能造成植株營養鬚根的腐爛，因而不能為植株上的葉片和花苞輸送水分、養分，從而導致植株下部葉片大量脫落，小的花苞中止發育並相繼脫落。

③通風透氣欠佳，尤其是在植株外套上塑料袋後，儘管增加了袋內的空氣濕度，但由於每天未能打開套袋給予1～2次通風換氣，致使塑料袋內二氧化碳濃度偏高，從而促成了葉片的不正常脫落。另外，此時的葉片發黃與缺鐵、土壤酸度不夠等無關。一般情況下，缺鐵和土壤偏鹼導致的黃化要經過相當長一段時間才能表現出來，且大多發生在新葉及葉片的葉脈間。再則，還不排除這盆梔子花是花圃中新上盆的植株，因其所帶的根系不完整，加之根系有傷口，一旦澆水稍多，更容易形成爛根，進而導致植株掉苞落葉。

可先將植株從花盆中脫出，抖去部分宿土，反覆檢查其根系有無爛根現象發生，因為梔子花的新鮮營養鬚根為白嫩的細根，腐爛後變褐，並伴有異味；若發現有爛根，可將其剪去，直到根系剪口斷面新鮮處為止。換用乾淨的沙壤重新栽好，以後多噴水，少澆水，維持盆土濕潤，可望使其恢復生機；待其恢復生機後，再給予正常的水肥管理。

111 梔子花為何頻頻落苞？

盆栽梔子花發生頻頻落苞現象，可能有以下幾個方面的原因：一是空氣濕度偏低；二是盆土偏濕造成植株爛根；三是若室內以燃煤作能源，空氣中混有少量有害氣體；四是若為新購的梔子花，不排除運輸途中被風寒所傷。

梔子花的花朵，一般在原產地的長江流域為4～5月間開

放，多朵生於當年新抽枝梢的頂部，栽培時要求空氣濕度大，盆土濕潤而不積水。

北方地區種養，一是要經常給葉面灑水或噴水，保持其開花期間有 70% 以上的相對空氣濕度；二是要保持空氣流通新鮮，以防落苞掉葉；三是不能被寒風吹襲，否則會使花苞發育中斷；四是盆土要始終保持偏酸的狀態，否則很容易表現為生理性黃化；五是越冬室溫宜保持在 8～10℃ 之間，若室溫偏高，植株提早萌動，不易現花。

112 梔子花葉片發黃的原因？

梔子花植株出現葉片發黃的原因：

①缺鐵，多發生在嫩葉上，可噴灑 0.2% 的硫酸亞鐵溶液，也可定期追施礬肥水。

②缺鎂，表現為植株下部老葉的葉脈間失綠發黃，可補充噴灑或澆施 0.3% 的硫酸鎂溶液。

③水黃，由於栽培環境或盆土內積水，造成的爛根致黃，必須進行排水或翻盆換土。

④蟲黃，如植株招致蚧殼蟲、粉虱、紅蜘蛛等害蟲的刺吸危害，應及時選擇有針對性的農藥進行防治。

113 珠蘭葉片和莖節為何會發黑脫落？

珠蘭性喜陰至半陰，在強光照射下，幼嫩的枝葉會乾枯，葉片也會發黑脫落，為此在養護過程中應遮光 60%～70%；它喜濕潤，忌乾旱，畏積水，要求盆土含水量在 20%～30% 之

間，當土壤中的含水量低於 20％時，植株很快萎蔫，葉片脫落，甚至造成地上部分枯死；但若盆土過分潮濕，土壤含水量超過 40％，又會導致植株產生爛根、莖節發生脫落、植株凋零敗落甚至死亡。為此栽培珠蘭要求盆土通透良好、富含有機質，不致於出現盆土內積水。

114　石榴花開後為什麼不掛果？

石榴花開後掛不住果，原因有以下三個方面：

①在其營養生長和開花期間，光照不足或恰逢陰雨天氣。光照不足，會造成植株營養生長相對「過旺」，不利於體內營養物質的積累，從而影響到生殖生長，因而開花後隨即脫落；若開花時又遇連續陰雨，則會使雌蕊不能正常受精，致使其只開花而不能結果。

②施肥搭配不當。對於觀果石榴，在施追肥時，要氮、磷、鉀三要素適當搭配，若氮肥過多，磷、鉀肥偏少，植株缺少必需的掛果養分，則也可能造成掛不住果。

③在其開花期間及前後，盆土澆水過多或盆土偏乾，盆土澆水過多，則枝葉瘋長，或營養鬚根腐爛，開花了也掛不住果；盆土過乾，致使其營養鬚根萎縮，花朵得不到足夠的水分、養分，必然會掉落，更談不上授粉掛果。

如果是一年開一次花的果石榴，則一年已很難再度掛果，唯有給予植株修剪，增加光照，控制好水肥供應，可期望來年開好花、結好果。若為一年可開多次花的「月季石榴」，則可通過增加光照，控制澆水，追施磷鉀肥，縮剪徒長枝，抑制營養生長，刪剪細弱枝條，改善通風透光等措施，來促使盆栽石

榴植株的再度開花結果。

 115 瑪瑙石榴為何不開花結果？

　　盆栽瑪瑙石榴，幹徑達 3 公分，但就是不見其開花，採取了諸如施足底肥、輔以磷鉀肥、改善光照、控制澆水等措施，始終不見成效，那麼，怎樣才能促成瑪瑙石榴開花呢？

　　促成瑪瑙石榴開花應採取綜合的措施。

　　①用盆不宜過大，如果盆體過大，營養豐富，持水較多，植株營養生長過旺，從而抑制植株的正常開花。

　　②盆土排水要良好，花盆底部要墊一層 3 公分厚的排水層，以防積水爛根。

　　③光照要充分，石榴為強陽性植物，要求有充足的光照，即使是在夏季也應讓其接受全光照，並放置於通風良好的場所，方可有利於花芽的形成。

　　④要合理修剪，石榴著花一般在當年生的枝條上，這些枝條是從去年形成的結果母枝上萌發出來，在結果母枝的頂芽及其下面附近的幾個側芽都較肥大，由此抽出的短小新枝，就是當年的花果枝。為此，應在早春萌發前，把枯枝、纖弱枝剪掉，否則會導致枝葉徒長而影響到花芽的形成。

　　⑤一般除底肥外，追肥應以磷肥為主，可澆施 0.3% 的磷酸二氫鉀溶液，也可定期埋施少量多元緩解復合肥顆粒。

　　⑥要節制澆水，對生長健壯的植株，待其頂梢抽生有 10～15 公分後，就要進行「扣水」，一般可將其放在全光照下，待其頂梢萎蔫下垂後再給予補充澆水，用淘米水澆施效果較好。

116 南天竹播種爲什麼長時間不出苗？

南天竹種子爲種胚發育不完全的生理後熟型種子，必須經過長時間的保濕沙藏催芽，才能促使其種胚長至正常大小後再發芽。宜於1～2月間採收充分成熟且即將脫落的飽滿果實，將其與粗沙拌和後搓揉去果皮果肉，漂浮去空癟的種粒，即可得到純淨的種子。將種子與濕潤的細沙以1：3的比例混合後，貯放於小缸或大花盆中，始終保持種粒濕潤。如發現沙粒發白變乾後，可通過噴水增加濕度。

每隔半月翻檢一次，防止種粒出現霉變。約到9月份，種子方可裂口露白，再將其播種於做好的苗床上。一般行距爲15～20公分，溝寬10公分，溝深5～8公分，種粒間距1～2公分，輕覆薄土，蓋土厚約0.5～1.0公分，以不見種粒爲度，隨後覆草保濕。約過2週，即有70%的種粒出土，分2～3次揭去覆草，搭棚遮蔭，加強水肥管理，當年生苗高可達5～6公分。冬季適當防寒，次年留床再培育一年，第二年方可擴距移栽，實生苗需4～5年方可開花結果。

爲了避免貯藏種子的麻煩，也可直接將採收的紅果，不經處理播種於苗床上，溝寬10～15公分，溝深5～8公分，行距20～25公分，覆蓋火燒土4～5公分，並覆草保濕，約到9月份以後才能出苗，在此期間必須保持苗床濕潤。

117 盆栽南天竹爲什麼不結果？

南天竹不開花結果或只開花不結果的原因，主要有以下六

花卉專家門診

個方面。

(1)光照條件不適當：強光暴曬，易造成新葉灼傷、嫩梢枯焦；過於蔽蔭，則植株纖弱瘦長，在這兩種情形下均不易開花結果，最好為半陰環境，或者上午有較好太陽光，中午、下午稍蔽蔭。

(2)盆土乾濕不勻或積水爛根：盆土過乾、過濕或忽乾忽濕，均易造成植株落花落果，一般應保持盆土濕潤，開花結果期比平時少澆一點水，花期不能噴水，果期應經常給葉面噴水。另外，3～4月是花芽生長的關鍵階段，澆水要有節制，不能過多或過濕，植株爛根同樣會造成落花落果。

(3)花期淋雨授粉不良：5～7月正是江淮地區和江南的梅雨季節，花粉被雨水淋失導致授粉不良也結不好果。可於植株開花期間，將其搬放到避雨處，用毛筆蘸取花粉，給予人工輔助授粉。或將數盆開花的植株搬到一起，借助風媒或蟲媒傳粉。

(4)施肥不合理：由於氮肥偏多、磷肥偏少，也可能造成植株枝葉茂盛而不開花結果。應於開花前追施1～2次磷鉀肥，掛果期間每隔半月追施一次磷鉀肥，這樣才有可能開好花、掛牢果。另外，開花時噴施適量的硼肥，如硼酸或硼酸鹽類，可有效提高雌花的受精成功率。

(5)修剪不到位：南天竹多在二三年生莖幹上抽發的一年生枝上開花結果，若修剪強度過大，老枝條難以抽發開花新枝，則也不能開花結果。

(6)越冬管理失誤：南天竹冬季處於半休眠狀態，澆水宜偏少，溫度不宜過高，越冬宜維持盆土不乾不濕狀態，溫度以不結冰為度；若澆水過多，室溫越過10℃，會引起植株徒長，翌

年易出現落花落果現象。

此外，盆栽土壤應以微酸性為宜，忌鹽鹼過重。還要加強通風透氣，否則也易誘發落花落果。

118 灑金桃葉珊瑚爲何難以繁殖與養護？

家庭盆栽灑金桃葉珊瑚生長欠佳、扦插不易生根，主要是未能充分了解和掌握灑金桃葉珊瑚的生物學特性所致。

灑金桃葉珊瑚爲山茱萸科小灌木。它葉形奇俏，葉色鮮亮，濃綠的葉片上散生有大小不等的金黃色斑塊，明暗變幻，碧黃相間，是很受人們歡迎的室內觀賞植物。因其極耐陰，且對煙塵和大氣污染具有很強的抗性，尤適於城市家庭室內擺設，其枝葉還可做切花材料。

灑金桃葉珊瑚的繁殖以夏季嫩枝扦插爲主。6月初剪取半木質化稍強的當年生綠枝，截成長10～15公分的穗段，帶有頂芽並保留有上部3～4個葉片的插穗最易生根。扦插基質用稻殼灰與細沙以1：1的比例配製最爲理想。將拌和均勻的扦插基質裝入大花盆或條形槽中，一般厚度爲20～30公分，將剪好的插穗按5公分×5公分的株行距插入基質中，入土深度約爲穗長的1／2～2／3，只將插條上部和葉片露於基質外，經常噴水保持基質濕潤。最好能蒙罩塑料薄膜保濕，同時給予搭棚遮蔭。

通常經過半個月即可在創口上形成乳白色的癒合組織，一個月左右便能分化出完好的根系，再經過20～30天，就可進行分栽或上盆。

灑金桃葉珊瑚喜陰濕，因此在養護過程中，要保持盆土濕潤和適度遮蔭。在排水良好、疏鬆肥沃的盆土中生長良好。由

於冬季不甚耐寒，淮河以北地區栽培，需在室內才能安全越冬。夏季怕炎熱日灼，可將其長時間放於室內。

在整個生長季節，每半月澆施一次餅肥水，早晚擺放於陽臺上接受陽光。炎熱季節經常給予葉面噴水，這樣才能使其葉片長時間保持鮮嫩明艷。

119 灑金桃葉珊瑚為何掛果難？

灑金桃葉珊瑚雌雄異株，如果栽培的植株為雄株，則必須進行換冠嫁接，更換成雌性樹冠方有可能結果；如果是雌株，則必須將其擱放於栽有雄株的場所，或在雌株上嫁接 1～2 個已達生殖成熟的雄株枝條，借以提供必需的花粉。也可在雌株開花時，從雄株上收集花粉，將花粉人工傳授到雌花柱頭上。

另外，當植株大量開花時，每逢大雨，要移動盆花擺放的位置，避免雨水澆淋；晴天給植株澆水時，也不要淋在開花的花序上。再則，為了提高授粉效果，開花期間，不要噴灑農藥，以免誤殺傳媒昆蟲。

120 茵芋為何入夏後葉片泛白生長不良？

茵芋為常綠灌木，分布於海拔 850～1500 公尺的山區林下，山谷或溪邊。性喜溫暖和半陰環境，宜陰濕，怕強光曝曬。較耐寒，但忌高溫和過度嚴寒。畏乾旱、空氣乾燥、鹽鹼和土壤瘠薄。栽培宜用疏鬆肥沃、排水良好、富含有機質的酸性至微酸性沙壤。

盆栽茵芋入夏後，出現葉片泛白和生長不良現象，主要是

個案篇

與夏季高溫和陽光暴曬有關。它的生長適溫為 18～24℃，當氣溫超過 30℃ 以上時，必須為其搭棚遮蔭，同時給予葉面噴水和通風透氣，為其創造一個通風、涼爽、濕潤的小環境，以利於其安全過夏；否則，它會被迫進入休眠狀態。

盆栽茵芋在夏季必須控制好光照，自仲春至中秋生產性栽培應給予搭棚遮蔭，遮光 50%～60%。家庭盆栽，春秋二季可擱放於東向窗前，導致其葉面被灼傷，葉片泛白微黃就是葉片輕度灼傷的具體表現。家庭種養冬季可擺放在南向窗前，讓其充分見光。春末夏初，遇到久雨初晴的天氣，一定要做好遮蔭的準備工作，以防意外驕陽灼傷葉片。

121 盆栽孔雀木為什麼會出現大量落葉？

引起盆栽孔雀木植株大量落葉的原因：

①溫度變幅太大，它的生長適溫為 20～25℃，冬季氣溫最好不低於 10℃，如果溫度在短期內發生較大的變化，就會導致大量落葉。因此在室內某處生長穩定時，一般不要輕易挪動。

②盆土過乾，空氣乾燥，易造成植物大量落葉，但以中下部落葉為主。

③越冬棚室溫度太低，因受冷害而造成落葉。

④冬季澆水過多，造成水漬落葉：一般只要盆栽植株根系沒有死亡，在春季換盆的同時給予重剪，可促使其從下部萌發新梢。

122 葉枯根爛的香龍血樹能「死而復活」嗎？

越冬期間，因室溫偏低或養護不當的香龍血樹，即使是葉片已全部枯死，根系也已嚴重腐爛，但只要其莖幹尚未完全枯爛，都有挽救成活的可能。可先剪去枯葉，截去爛根，鋸掉枯死的莖幹部分，把健康正常的莖段埋栽於乾淨的細沙中，其莖幹下截口處可很快形成癒合組織，並分化出新的根系，莖幹中上部可重新抽出莖葉，使其「死而復活」，以後再重新更換新鮮、肥沃、疏鬆的培養土栽種。

123 如何養好朱蕉？

好的朱蕉主幹挺拔，葉色艷麗，叢生的葉片猶如傘狀，姿態十分優雅，是優良的室內觀葉植物。要使朱蕉株形豐滿，應注意以下幾點：

朱蕉喜歡溫暖濕潤的環境，但也能耐陰，不耐寒和霜凍，家庭養護可置於室內半陰處，也可於春、秋兩季放室外養護一段時間，晴天中午和夏季需遮蔭，否則易灼傷葉片。若長期放在室內陰暗處，則生長欠佳，葉色變淡。生長旺季一般每月施1～2次稀薄肥水，澆水要充足，氣候乾燥時還應葉面噴水：若缺水容易引起落葉，但水在盆內淤積也會落葉或出現葉尖枯黃等不良現象。朱蕉怕凍，冬季應移入室內，室溫保持在 10℃ 以上即可安全越冬。

朱蕉分枝力較弱，多年的植株往往形成較高的獨幹樹形，下部的老葉脫落後使株形單調難看。為促其多分枝，樹形豐滿，可於春天對老株進行截幹更新，方法是：將其莖下自盆面向上約 10 公分處剪截，換土重新栽植，不久即可自剪口下萌發4～5 個側枝，將盆株置於半陰處，忌直射光和風。澆水原則是

「寧濕勿乾」。這樣經過一段時間，原來單調的樹形就會變得豐滿，色澤更加清新。同時，剪下的莖枝還可進行扦插。

124 棕竹播種苗移栽後為何會出現「癡呆症」？

棕竹幼苗移植後，易發生「收根現象」，又稱作「移栽痴呆症」。它是指棕櫚類播種苗在被移植後的1～2年內，幾乎不長新葉、莖幹也不長高的怪異現象。原因是移栽時鬚根被侵擾或嚴重破壞，導致發根區暫時不能生發新根而滯長。

熱帶地區由於溫濕度較高，生長條件比較適宜，「收根現象」往往延續數月後即可恢復生長，而亞熱帶或溫帶地區則可持續1～2年，使植株的外貌受到嚴重的影響，甚至逐漸枯死。為此棕竹播種最好採用袋播育苗，即集中催芽、溫室播種，待其種粒萌動後及時移入合適的營養袋或育苗盆中培養，可避免移栽「收根現象」的發生。

125 怎樣促成珙桐種子發芽出苗？

珙桐是我國乃至世界上最著名的木本花卉之一，其種子播種育苗一般需2年時間才能發芽出苗，怎樣處理種子才能縮短其發芽過程？

珙桐種子具有致密厚實的木質外皮，阻擋著種胚對外界水分的吸收，因而很不容易發芽。為了促成種子提前發芽，可用低溫加變溫處理的方法，來促進外殼軟化、鬆動、開裂和及早發芽。其一是雪藏變溫處理，將洗淨的種子用濕沙混合後，埋藏於雪地裡，使其寒冷時冰凍，升溫時融化，溫度高低變化劇

花卉專家門診

烈，約經 2～3 個月的時間，利用低溫和冰凍促成堅硬的種殼鬆動、開裂，到了 4 月份再行播種，可大大加快其發芽速度。

其二是冰箱變溫處理，將處理後洗淨的種子，用冷水浸泡 2～3 天，再將其放入冰箱中冰凍一個星期或 10 天，在有太陽時將種子從冰箱中取出，放在陽光下攤曬，待其冰化後再將種子重新置入冰箱中，如此反覆 4～5 次，同樣可有效促進種殼鬆動、開裂，使種胚能提前發芽。

 126 怎樣促成單性異株的金彈子結果？

金彈子雌株在沒有成齡雄株存在的條件下，若不給予人工輔助授粉，是不可能掛果的。為此可採取以下幾項措施：

①在雌株的頂上端嫁接 1～2 個已達開花年齡的雄株枝條，實現人工「雌雄同居」。

②在雌株開花時，從別的雄株上收集花粉，給雌株連續授粉 2～3 次，以人工授粉促成其掛果。

③將雌株搬放到已開花的雄株附近，待其自然花期結束後，再搬回原來的場所養護，借助昆蟲或風媒授粉結果。

 127 櫸榆葉片上長「紅果」是怎回事？

春天櫸榆樹樁的葉片長上出許多綠色或紅色的小鼓疱，直徑在 0.5～1.0 公分左右，不少花卉盆景愛好者分不清這些囊狀物是蟲害還是病害，防治更是無從下手。

其實櫸榆葉片上春季長出的球狀物，是由秋四脈綿蚜刺吸危害引起的囊狀蟲癭。該蟲全國各地均有發生，危害櫸榆、白

個案篇

榆及禾木科植物。它為轉主寄生昆蟲，主要危害榆樹，轉主寄主主要是禾本科植物，如高粱、穀子及某些雜草。每年發生 10 多代，以卵在榔樹、白榆的樹皮縫隙中越冬。翌年 4 月越冬卵孵化出干母危害榆樹葉片，初呈紅色斑，以後形成蟲癭，後在蟲癭中孤雌胎生干雌。干雌發育成成蚜後，產生遷移蚜，於 5 月底至 6 月初破囊遷飛到禾本科植物的根部，為根部的主要害蟲，每株根部少則數百頭，多達數千頭，呈葡萄狀排列寄生在根部刺吸汁液，反覆進行孤雌生殖，至秋季植株枯萎、環境條件變化，9～10 月有翅性母（喬蚜）發育成成蚜，再次飛遷到榆樹上，產生性蚜；性蚜交尾產卵於榆樹向陽、背風面及四年生榆樹幹、權裂縫中。

防治方法：①在初病夏蟲癭未裂口前及時摘去蟲癭銷毀，控制其蔓延；②在翌年越冬卵孵出干母並開始危害榆樹嫩葉時和晚秋有翅性母回遷至榆樹上產生性蚜時，用 40％的速撲殺乳油 1500 倍液噴殺。③清除榆椿周圍的禾木科雜草，破壞其正常生活和繁衍後代所必需的轉主寄生環境。

128 三角梅葉片爲何捲成了「餃子狀」？

三角梅植株上的新葉和老葉都捲成了「餃子狀」，可能是小捲蛾幼蟲藏匿其中危害所致；通常受害葉片沿主脈縱向捲曲收攏，形成滿樹的「蟲餡餃子」，對植株危害大，不僅會影響當年植株的生長，而且會影響到來年植株的生長。

該蟲發生時，生長季節可用 10％的滅百可 1000 倍液噴霧；在低齡蟲盛發期，也可用 90％的敵百蟲晶體 1000 倍液噴霧；還可用 2.5％的溴氰菊脂乳油 2000 倍液噴殺。家庭盆栽少

量發生，可先將「餃子」打開，若裡面仍藏有幼蟲、蛹等，可將其擠死，並對植株作一次強度修剪。

129 五針松造型夏天能鬆綁嗎？

不少五針松造型愛好者，求成心切，頭年春季或秋季造型的植株，到了第二年夏天匆忙給予鬆綁去縛，往往造成功虧一簣，致使即將成型的植株部分枝梢枯死，嚴重者會導致整株死亡。夏季鬆綁造成造型五針松植株枯死，主要是由於：

（1）以竹片或鉛絲作襯，用苧蔴綁縛的主幹或大枝，由於突然將綁襯的苧蔴等解去，使主幹或大枝全部裸露於強烈的日光下，強光會灼傷皮層，高溫乾燥的條件易造成幹、枝失水，暴曬、高溫雙重作用的結果必然是枝梢枯損或全株死亡。

（2）直接用金屬絲捆綁造型的植株，由於金屬絲對幹、枝長時間的緊縮、勒縊，幹、枝上常出現較多的縊縮環槽，特別是用多股粗鉛絲強力扭曲者，勒痕更為明顯，在解去金屬絲時，或多或少要傷及幹、枝的皮層，造成幹、枝破損。又因處在生長季節，植株破損處松脂大量外溢，輕者會嚴重影響植株的生長，重者會造成盆栽五針松死亡。

（3）五針松植株在蟠紮時勒傷或折傷的幹、枝，傷口雖然經包裹已基本癒合，一旦解除包縛物或金屬絲，因其癒合不甚牢固，有可能會重創傷口，再度流淌松脂，造成被損幹、枝的枯死。

夏季不給五針松鬆綁並不是絕對的。如在鬆綁時不傷及造型植株的皮層，又能在解除綁縛物後的一段時間內，給予良好的遮蔭和噴霧管理，在夏季鬆綁也是可行的。通常應將五針松

造型的鬆綁時間安排在秋季或冬季，此時即便有少許的傷損，在受傷部位抹一層乾淨的黃心土後，用布條或塑料帶包裹好，即可使其恢復完好如初，對其他植物種類造型的鬆綁，最好也要避開炎熱、乾燥的夏季。

130 已結果的盆景銀杏為何以後幾年不掛果？

銀杏為雌雄異株樹種，購買的掛果盆景為雌株，為了促成其來年繼續掛果，可於 4 月初或清明前後，將該盆景搬放到雄株大銀杏樹下，借助雄株自然風媒傳粉，以實現再度掛果。也可在雄花快開放時，採下 1～2 個花枝攤放於紙上，待其花粉粒散出，再用乾淨的毛筆將花粉塗抹在雌花上。注意以雌花剛吐「性水」時連續授粉 2～3 次，效果最佳。

131 盆栽羅漢松要抹雌、雄球花嗎？

盆栽羅漢松在 4～5 月植株上出現大量雌、雄球花時，應及早抹去，以免損耗樹體，影響植株的正常生長；一般於 4 月底至 5 月初先在葉腋間長出卵圓形的雄球花，可先行將其從其部抹去；5 月中旬至 6 月中下旬，出現雌球花，也應及時摘早、摘小、摘了。

132 加那利海棗能在江淮地區露地越冬嗎？

加那利海棗為近年非常走俏的棕櫚科觀葉植物，既可作庭院栽培，也可用於室內公共場所的陳列，不少文章介紹其能抗

–20℃以下的超低溫，盆栽植株在江淮甚至黃淮之間均可露地越冬，從而引發了北方地區引種耐寒棕櫚的熱潮。

由於許多生產經營者或花卉愛好者對其耐寒性不甚了解，盲目北移已造成了嚴重的經濟損失。那麼，加那利海棗到底能忍受多低的氣溫呢？

加那利海棗原產距非洲西海岸 130 千公尺的加那利群島，1869 年引種到歐洲，1909 年引種到臺灣，20 世紀 80 年代初在我國南方各地試種，直到近年在華南地區才有廣泛的栽培。它性喜溫暖濕潤，也耐乾旱；喜陽光充足，也耐蔽蔭；耐酷熱，又比較抗寒；喜肥沃，又較耐貧瘠；抗鹽鹼，抗逆性強；為綠化和盆栽觀葉植物中的「新寵」。

它的生長適溫為 20～32℃，幼株不耐 –7℃ 以下的低溫，成株經 2～3 年的適應性鍛鍊，能抗 –10℃ 左右的嚴寒，在淮河以南地區放在背風向陽處，可露地越冬，但在淮河以北地區，必須進入棚室方可平安過冬。

133 橡皮樹為何葉片枯黃死亡？

橡皮樹葉片枯死，可能有兩個方面的原因：

①植株在生長時感染了灰斑病，但一般不會在短時間內使葉片從下到上全面起黑點後發黃枯死。

②由於水肥管理失誤造成的爛根死亡，如在 8～9 月間，天氣仍比較悶熱時，澆水過多，盆內形成積水，造成植株爛根，導致葉片從下而上發黃枯死後脫落。也可能是在比較炎熱的條件下，根部出現積水後，又誤澆了生肥、大肥、濃肥，促成橡皮樹植株的燒根、爛根，使植株葉片發黑脫落。因此，是水多

爛根、肥害傷根及感染病害共同作用，易造成橡皮樹植株的葉片不正常落葉枯死。

一般發現橡皮樹植株葉片上無緣無故起黑斑後發黃枯死並脫落，可先將被懷疑已爛根的植株從花盆中脫出，抖去部分宿土後。檢查其地下部分有無爛根現象，如果是肥害造成的爛根。會伴有難聞的氣味。無論是水多爛根或是肥害傷根，都宜先剪去已腐爛的根系，直至創口斷面新鮮且有白色乳汁滲出為止：稍加攤晾待創口乳汁收乾，也可於創口上塗抹硫磺粉末消毒。或用乾淨的草木灰、木炭屑抹在創口上，同時剪去一部分枝幹。借以減少對水分的蒸騰消耗，再換盆栽種。

重新栽種時，宜選用乾淨並略帶潮氣的細沙先圍好根部創口，外側用新鮮疏鬆的沙壤土栽好，加強遮蔭和噴霧管理，盆土不乾不再澆水。只要植株根系不是損害得太嚴重，一個月後根系的創口處即可生發出新的細嫩鬚根。

為防止可能發生的葉片病害，可於葉片上噴灑 50% 的多菌靈可濕性粉劑 1000 倍液，也可噴 70% 的甲基托布津可濕性粉劑 1500 倍液進行預防。來年春天出房時，再改換新鮮肥沃的培養土重栽，這樣方可有利於植株的恢復生長。

134 新扦插的橡皮樹如何過冬？

新扦插的橡皮樹過冬，只要室溫不低於 5℃，一般不會受凍。新扦插的橡皮樹葉片越冬時發黃脫落，有三個方面的原因：一因盆土過濕，爛根所致；二是室內空氣濕度太低，造成落葉；三是室內通風透氣不良，致使葉片脫落。

新扦插的橡皮樹越冬，應重視以下幾個方面：

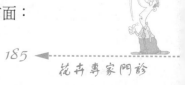

花卉專家門診

①保持盆土通透良好，因為室內有暖氣，在保持盆土適度濕潤的同時，可每隔15～20天鬆一次盆土，以免因反覆澆水導致盆土板結而促成爛根或根系萎縮。

②盆土盡量少澆水、植株葉面多噴水，一般在有暖氣的室內，若室溫不低於20℃，則其頂芽會繼續生長，為此，可每隔一週視盆土的濕潤狀況澆一次水，平常每隔1～2天給葉面噴一次細霧，澆水和噴水的水溫應基本與土溫、室溫持平，若澆水、噴水的水溫與土溫、氣溫懸殊較大，易導致其出現不良的生理反應。透過噴水既可增加室內的空氣濕度，又可淋洗去沾附於葉片上的纖塵；但應注意不能因噴水過多而導致盆土過分潮濕。

③要注意室內的空氣流通，可於氣溫較高的中午打開門窗更換室內空氣，以免因室內空氣中的二氧化碳濃度過高而導致落葉；另外，也可預防介殼蟲等的孳生。

135 橡皮樹新葉為何發黃？

橡皮樹長出新葉片不到半個月就開始逐漸發黃，原因可能有以下幾個方面：

①空氣乾燥、氣溫偏高、陽光太強造成新葉發黃，入夏後，陽光強烈，氣溫持續走高，如再遇上久旱無雨，致使空氣濕度偏小，而橡皮樹新葉格外需要涼爽半陰和空氣濕潤的小環境，新葉生長所需的環境條件與現實的光照、溫度、濕度等狀況懸殊太大，從而造成葉片先發黃，再萎縮，最後脫落。

②積水爛根造成新葉得不到相應的水分養分，從而導致新生葉片逐漸發黃掉落。

個案篇

③盆土過乾導致肉質鬚根脫水、萎縮、乾癟，造成新葉發黃後脫落。

④肥害造成爛根，致使葉片發黃脫落。

可先檢查有無盆土板結、爛根現象，若有可將植株從花盆中脫出，刪剪去已喪失活力的根系，重新換用新鮮的培養土栽好，將其擱放於濕潤的蔭棚下，保持盆土濕潤，植株可望再度抽生新葉；若檢查後沒有發現爛根現象，則可將橡皮樹搬放到樹蔭下或遮陽網下，加強葉面噴水，為其創造一個涼爽濕潤的小環境，也可使其重新煥發出生機和活力。

此外，橡皮樹也有可能出現新葉缺鐵性黃化，可用補充追肥 0.1%～0.2%的硫酸亞鐵溶液的方法，來給植株補「鐵」，效果同樣不錯。

136 怎樣使橡皮樹葉色碧綠光亮？

要使橡皮樹生長健壯，葉色碧綠光亮，應做好以下幾點：

(1)充足的水肥供給：橡皮樹喜歡溫暖濕潤的氣候和肥沃的土壤。栽培用土可選用腐葉土、園土、河沙各 1／3 混合配製的培養土，上盆時施少量骨粉或餅肥渣作基肥。

生長期要經常保持充足的水分供應，保持盆土濕潤：澆水次數和澆水量要視天氣情況而定，平時每天澆一次水，保持盆土濕潤。夏季每天早晚各澆一次水，並經常向葉片上噴水，否則葉緣易枯焦，秋季要逐漸減少澆水量，盆土要見乾見濕。冬季要控制澆水，以盆土稍乾為宜。生長旺季應保證充足的氮肥和水分。秋季逐步減少水肥，促進枝條生長充實。冬季生長緩慢時不施肥，控制澆水。

花卉專家門診

(2)適度的光照和溫度：橡皮樹喜歡溫暖、濕潤的半陰環境，但不耐寒。春、夏季可放在陽臺上或庭院中半陰處養護，但夏季應適遮陽，以免強光直射，造成灼傷。冬季置於陽光充足處，室溫不低於10℃，否則葉片會脫落枯死。若長時間放在蔭蔽處，也易引起葉片發黃脫落。

(3)每年換盆：橡皮樹要求肥沃、疏鬆、濕潤和富含腐殖質的土壤，對土壤 pH 值要求不嚴，抗旱能力較強。盆栽時，以腐殖質土為最好，並加一些糞團混合做基肥。橡皮樹生長迅速。根系發達，故成年植株每年在新梢生長之前均需換盆。換盆時適當去掉部分老土，剪去部分爛根，重新裝入富含腐殖質的土壤，並澆足水，放在陽光充足的地方養護。

(4)合理修剪：橡皮樹頂端優勢很強，如果不進行短截，就會造成植株太高，樹形紊亂，影響觀賞價值。家養橡皮樹高達1公尺左右時，可於早春在 60～70 公分處打頂，促使其萌發側枝。以後每年春季再酌情將側枝剪短，使側枝上再生新枝。

但修剪後要用膠泥將切口堵上或塗上木炭粉，以免因汁液流出過多而失水枯死。經過幾年的修剪整形，株形就會變得豐滿、端莊。

137 龜背竹怎樣養護才能開花結果？

栽培時間較長的大株龜背竹，在溫室栽培條件下，空氣濕度達 60%～70%，開花結果或一株多花是正常現象。但其淡黃色佛焰苞碩大奇特，黃綠色肉穗花序粗大碩長，在平常情況下難得一見，讓人覺得新奇而已。龜背竹原產熱帶雨林中，常作附生狀，性喜溫暖濕潤的環境，生長最適溫度為 20～25℃，要

求冬季氣溫不低於5℃，否則易遭受寒害。若冬天氣溫能維持在13～18℃，肥料供應正常，一般栽後5～6年即可開花。

　　龜背竹開花多在8～9月，花兩性，多而密集，花序下部的花朵可育；果實為漿果，呈松球果狀，未成熟前呈淡黃色，成熟時橙黃色，甜香撲鼻，可供生食，味如菠蘿。待其種粒成熟即將脫落時，採集種子，沖洗乾淨後隨採隨播；播種宜用疏鬆肥沃、排水良好的腐殖土，播後2～3週即可發芽出苗。

138 如何養護才能使台灣肉桂長得好？

　　臺灣肉桂，通常指原產於臺灣的蘭嶼肉桂和土肉桂，中國南方地區近年廣泛用作觀葉植物陳設於室內。蘭嶼肉桂的生長適溫為22～30℃，喜好暖熱、無霜雪、多霧潮濕的氣候環境，抗寒性較弱，小苗不耐0℃以下的低溫，否則易導致樹皮凍裂、枝葉枯萎，小樹甚至會連根凍死。家庭盆栽應維持10℃左右的室溫過冬，可使其始終保持翠綠可愛。

　　盆栽要用疏鬆肥沃、排水良好、富含有機質的酸性土。土壤板結黏重或酸度不夠，會造成植株葉片黃化、生長不良。若盆內積水，易招致根腐病的發生。要求空氣濕度較大的環境，一般相對濕度應大於80%，方可生長旺盛。為此在夏季或乾燥的秋季，甚至冬季擺放於室內，都應經常給葉面噴水，為其創造一個比較濕潤的空間環境。

　　肉桂類需要一定的光照，但也比較耐陰，其需光性隨著年齡的不同而有所變化。幼時耐陰，3～5年生植株在蔭蔽的條件下，生長較快；6～10年生植株，則要求有較充足的陽光。盆栽植株進入夏季後，不可給予全光照，可將其擺放於大樹濃蔭

下或置蔭棚下，給予 50%左右的散射光照，早晚讓其充分見光，則生長比較理想；若光線過強，易造成葉片發黃失神，影響到室內的觀賞效果。

肉桂類比較喜肥，可於生長季節每月追施一次復合態速效肥，入秋後追施 1～2 次磷鉀肥，借以增加植株的抗寒性。小株每年換盆 1 次，大株 2～3 年換盆 1 次。

肉桂類可用種子育苗，也可用扦插、壓條法育苗。種子可隨採隨播，也可將洗淨的種子用濕沙貯藏 20～30 天後再行播種。扦插可於春天剪取長 15～16 公分、粗 0.4～1 公分的穗條，保留 1～2 個葉片，插入沙壤或蛭石中，最好安裝間歇噴霧裝置，經常保持濕潤並給予遮蔭，約 50 天即可生根。為繁育少量大苗，也可對植株基部的粗壯萌條進行環狀剝皮低壓。

肉桂類葉片易感染褐斑病，通常 4～5 月發生於新葉上，特別是有破損的葉片。開始於葉面上出現橢圓形黃褐色病斑，以後逐漸擴大，葉片病斑範圍內出現很多灰黑色小星點，葉背病斑部位呈現紫色，以致全葉片黃化而枯萎。可用 1%的波爾多液進行預防，也可於發病初期摘去病葉，及時噴灑 50%的多菌靈可濕性粉劑 500 倍液。另外，夏秋肉桂類出現卷葉蟲時，可用 90%的敵百蟲晶體 1000 倍液進行毒殺，或用 40%的樂果乳油 1000 倍液進行防治。

139 蘭嶼肉桂葉片發黃脫落怎麼辦？

目前，從南方引進的盆栽肉桂，多為產於臺灣的蘭嶼肉桂。葉片出現發黃脫落，可能有以下幾方面的原因：

①澆水過多。入夏後由於天氣轉熱、空氣乾燥，澆水噴水

時沒有控制好澆水量,而蘭嶼肉桂的原生環境為疏鬆肥沃、排水良好的山地腐殖土,在盆栽狀態下,特別是目前普遍採用的塑料盆栽種,排水不良,盆土板結,均有可能造成其營養鬚根的窒息壞死和腐爛,從而引起植株中下部葉片的發黃脫落。

②使用肥料失誤造成肥害,包括生肥、大肥、濃肥及底肥等,特別是高濃度的化肥液,均有可能導致其營養鬚根的燒傷壞死,促使葉片在較短時間內的發黃脫落。

③剛從南方運輸來的新栽植株,由於剛上盆或換盆不久,經長途運輸的顛簸,生產地與銷售地在氣候、水質等因素上的差異,使其根系在短時間內難以恢復,而對其葉片又未做必要的刪剪,其葉片對北方地區的乾燥氣候一時又難以適應,從而導致葉片的發黃脫落。

那麼,對已出現葉片發黃脫落的蘭嶼肉桂植株,應採取什麼樣的措施來搶救呢?可將植株從花盆中脫出,仔細檢查其根系是否有爛根現象發生,若鬚根變褐發黑,同時散發出異味,則表明已發生了嚴重的爛根。可將已腐爛的根系剪去,直至見到新鮮的根系切面為止,並刪剪去一部分葉片,換用乾淨新鮮的疏鬆沙壤土栽種,靠根系斷面的一周,可先圍一圈濕潤的素沙,外圍再填培養土。栽植完成後將其擱放於通風、涼爽、半陰的場所,進行恢復性養護,停止施肥,改澆水為噴水,待催生出較好的鬚根後,再恢復正常的水肥管理。

140 台灣肉桂出現「油蜜」怎麼辦?

臺灣肉桂(即蘭嶼肉桂)的葉面上常常出現一層發亮的「油蜜」,有甜味,為蚜蟲、蚧殼蟲、粉蝨等昆蟲排泄出的含

花卉專家門診

糖液體，可以招引螞蟻及其他昆蟲，並為煤污病的發生提供了「天然培養基」。由「蜜露」做先導，煤污病菌會乘機繁殖擴展，致使葉片、枝條染上一層黑乎乎的煤污，若再加上濕度大、通風不良、光線欠佳等情形，發病將會更為加重。若病蟲疊加為害，會嚴重影響植株的正常生長。

防治方法：①加強通風透光，改善環境條件，提高植株的抗性。②發現有蚜蟲危害，可用煙絲或苦棟葉泡水噴殺，或用10％的吡蟲啉可濕性粉劑 2500 倍液噴殺；③發現有蚧殼蟲、粉虱等危害，可用 25％的撲虱靈可濕性粉劑 1500 倍液，或 20％的喹硫磷乳油 1500 倍液噴霧防治。④對煤污病病菌可用 50％的多菌靈可濕性粉劑 800 倍液，或 50％的甲基硫菌靈、硫磺懸浮劑 800 倍液，噴灑葉面殺死病菌。

141 福建茶葉片為什麼會「時蔫時亮」？

福建茶葉片「發蔫」的原因：一是氣溫偏低，接近 3～4℃，極易出現葉片失色萎蔫現象。二是盆土中的營養鬚根因低溫失去吸收功能，或積水爛根使其不能吸收水分，導致其葉片呈萎蔫狀態。三是空氣過分乾燥，盆土失水，根系吸收不到水分供應葉片，導致植株葉片萎蔫。

避免福建茶葉片萎蔫的方法：一是必須始終保持盆土濕潤，即便是北方地區氣溫達 5℃ 左右、植株處於休眠狀態時，也不能讓盆土過乾；二是冬季必須維持 5℃ 以上的棚室溫度；三是經常給予葉面及周圍環境噴水，淺盆植株盛夏時節給予遮蔭 30％～40％。

福建茶葉片「發亮」的原因：如果是生長旺盛，枝葉上沒

有蚜蟲、蚧殼蟲、粉虱等危害，則呈正常的亮綠色；一旦植株的新梢和嫩葉上有蚜蟲、蚧殼蟲、粉虱等危害，其分泌物——「蜜露」遺留於葉片上，會產生一種油乎乎的「亮色」，用手指試試黏乎乎的，舌頭舔之有甜甜的感覺，就必須進行防治。否則，易引起霉污病，甚至全株落葉。

防治方法：如果是蚜蟲為害所致，在其枝葉上撒上一層草木灰，數小時後用清水一沖，即可消滅蚜蟲；大量發生，也可用 10% 的吡蟲啉可濕性粉劑 2000 倍液噴殺。如果是蚧殼蟲、粉虱等為害所致，可用 25% 的撲虱靈可濕性粉劑 1500 倍液噴殺。一旦殺滅了蚜蟲、蚧殼蟲、粉虱等，這種「油膩」也就會很快消失。

142 觀賞桃幹枝上「流膠」怎麼辦？

在春夏季觀賞桃，幹枝上常分泌出膠狀物，開始為淡黃色，後變為棕色，嚴重時會導致流膠枯死，應該怎樣施救？

這是典型的桃樹流膠病。主要危害桃樹之幹枝，一般先是從枝幹的傷口處分泌出透明、柔軟的膠液，新梢則多從皮孔中滲出；樹膠與空氣接觸後，被氧化變褐呈晶瑩、柔軟的膠塊，最後成為茶褐色硬質晶體狀膠塊。致使病株葉片變黃，樹皮及木質部慢慢腐爛，樹勢日漸衰退，嚴重時整株死亡。

防治方法：

①改良土壤，酸性土壤適當增施石灰或過磷酸鈣，中和土壤的酸度。

②及時防治枝幹害蟲，如天牛，盡量減少樹體創傷。

③加強管理，節制澆水，合理施肥，修剪安排在休眠期進

行，避免樹體受凍傷或日灼，避免人為形成傷口。

④從花謝後開始噴藥預防，可用 70% 的甲基托布津可濕性粉劑 1000 倍液，每半月噴 1 次，連續 4～5 次，效果較好；地栽桃樹冬季樹幹要給予塗白，減少病蟲的侵入口。

143 盆栽觀賞桃葉片為啥「皺縮」？

桃樹葉片出現發紅、凹凸不平、皺縮、捲曲等不正常狀況，表明該樹感染了縮葉病。該病菌主要為害葉片，有時也侵害嫩稍。早春展葉後即出現症狀，葉片邊緣向下捲曲，病葉局部或全葉增厚，呈灰褐色；隨著病葉長大，病害加重，病部腫大，皺縮扭曲，質脆而易破裂，呈紅色或淡紫紅色。後在葉片正面出現一層銀白色粉狀物，即為病菌的子囊層。後期病葉逐漸變成褐色至深褐色，提早枯萎。嫩稍受害後，節間縮短，局部腫粗，稍彎曲，呈灰綠至黃綠色。病稍上簇生卷縮的病葉，發病嚴重時全株枯死。

該病菌喜冷涼潮濕的氣候，當桃芽膨大及展葉時，如春寒多雨，發病特別重。4～5 月逐漸發展，以 5 月上中旬發病最重。當溫度上升到 21℃ 以上時，易造成病菌大量死亡。6 月後病害停止發生，地面上的病菌可腐生存活多年，使病害在某些地區表現為偶發流行。

防治方法：

①早春及時剪除病葉，集中燒毀，可減少來年的病源。

②發病重、落葉多、樹勢衰弱的植株，要加強管理，增施肥料，注意排灌，恢復樹勢，增加抗病力。

③發病初期，用 10% 的世高水顆粒劑 2500 倍液，均勻噴

霧，可防止病菌的蔓延擴散；用 40%的多·硫懸浮劑 500 倍液，每 10 天噴 1 次，連續 2～3 次；當葉芽剛萌動尚未展葉時，噴波美 5°的石硫合劑或 1：1：100 的波爾多液 1 次，以鏟除樹上的越冬病菌，並可使葉芽萌發時免受浸染。這樣連噴 2～3 年，可徹底杜絕此病。在秋季桃樹落葉後，用 3%的硫酸銅溶液或波爾多液噴灑病株及周圍土層，借以殺死越冬孢子。

144 怎樣讓枸杞花繁果多？

枸杞為茄科落葉蔓性灌木，每年 5～6 月和 9～10 月兩次開花，漿果深紅色或橘紅色，8～12 月陸續成熟。

性喜陽光充足，稍耐陰，耐旱，但怕水澇，對土壤要求不嚴，盆栽用疏鬆肥沃的培養土，通常可用腐葉 4 份、園土 4 份、河沙 2 份混合配製，另加少量骨分作基礎。為了使植株矮化，可將當年的結果母枝及過密枝剪除。

注意在生長季節放室外向陽處，經常保持盆土濕潤，每月施一次稀薄餅肥水，現蕾後改施以磷鉀肥為主的稀薄液肥。幼果膨大期改施 1～2 次復合液肥，有利果大色艷。北方寒冷地區冬季需入冷室越冬，越冬期間室溫保持在 0℃以上，並嚴格控制澆水，不施肥。

145 如何防止佛手落葉落果？

佛手原產亞洲，我國浙、閩、川、粵、桂等省有廣泛的栽培，特別是浙江近年還形成了一系列的特色盆栽佛手產品。它性喜溫暖濕潤氣候，畏寒怕旱，最適生長溫度為 22～24℃，冬

季要求室溫不低於5℃才能安全過冬。它在光照充足、通風良好的環境中生長旺盛；要求盆土濕潤而又排水良好，忌黏重和含鹽鹼的盆土，最好是酸性沙壤；每年開花2～3次，其果實有伏果、秋果之分。

盆栽佛手為防止出現落葉落果現象，養護可從光、水、肥、溫度管理四個方面入手。

(1)光照：在生長季節要多見陽光，若陽臺上或院子裡光線欠佳，會影響到開花和結果；盛夏時節，可適當遮蔭；中秋後氣溫較低，生長處於停滯狀態時，光照不足對其生長影響不大；冬季即便是長期得不到充足的光照，也不會引起落葉或影響到來年的生長發育。

(2)水分：家庭盆栽，平時保持盆土濕潤、半墒為宜，夏季氣溫高時，每天上、下午各澆水1次，以盆土不見乾為度。當氣溫高而悶熱、風大時，於上午9時前與下午4時後，多次向葉面及四周噴水，借以降低環境溫度和提高空氣濕度，以防乾熱引起落花落果。梅雨季節要防止盆土內積水，每次暴雨後要及時倒去積蓄於盆中的積水，以免引起植株爛根。

(3)肥料：佛手一年多次開花，需肥較多，開花季節一般每半月施一次稀薄的礬肥水，陰雨天停施，植株現蕾後要暫停施肥，待其幼果長到小指頭大小且基本坐穩時再恢復施肥，每7～10天追施1次含磷的淡肥水，連續4～5次。若葉片上出現黃綠色或褐色斑點，是盆土缺鉀的表現，會導致葉片早衰或落果，可噴施0.2%的磷酸二氫鉀液肥。

(4)溫度：在室內越冬時忌時冷時熱，否則易引起落葉。立春前後氣溫開始回升時，要注意開窗通風，防止其過早在室內發芽抽梢；如室溫達15℃以上時，可用向地面灑水、葉面噴水

的方法來降溫，預防其過早發芽。一般情況下，在江淮以南地區，可於霜降來臨前入室，翌春清明前後出房。

146 金橘掛果後為何易脫落？

造成金橘幼果脫落的原因有以下幾點：

①盆土乾濕不勻，在金橘開花結果期內，如果盆土乾濕不勻，很容易導致其不能順利坐果，甚至幼果大量脫落。

②施肥失誤，比如氮肥偏多、磷鉀肥偏少，也可導致其坐不住果。

③開花期間氣溫達30℃以上，也會影響其坐果。四是坐果後萌發的新芽未能及時抹去，造成營養不能集中供應新坐幼果的生長發育。

為使盆栽金橘能坐住果、長好果，應從以下幾個方面加強管理：

①在新春開始抽梢生長後，要追施氮、磷、鉀三要素均衡的肥料，為植株的正常開花結果打好營養基礎。

②在開花及掛果期，要保持盆土濕潤，特別是不能過多澆水，應比平常偏少一些，否則易造成大量落花落果。

③在開花期間噴施0.1%的硼酸溶液，可有效提高其坐果率，並能促進幼果的生長發育。

④盛花期試噴濃度為15～50毫克／升的赤霉素溶液，能使坐果率增加2～3倍。

⑤對坐果後萌發的新梢新芽要及時抹去，使養分能集中供應幼果的生長。

⑥開花期間，為其提供一個通風向陽、涼爽濕潤的環境，

可利用給植株周圍噴水的措施來降溫增溫，使其能順利開花坐果。

⑦適當給予疏花，每一個小枝段保留花蕾 2～3 個，同一葉腋內如孕生有 2～3 個花苞，可選留一個，減少養分的損耗。

⑧及時防治病蟲害，如煤污病、潛葉蛾、蚜蟲、紅蜘蛛、蚧殼蟲等。

⑨掛果初期切忌施肥，當掛果達 10 多天後，待其果實長至比黃豆粒稍大時，方可每隔 7～10 天追施一次腐熟的雞、鴨、鵝糞肥液，也可澆施或噴施 0.2% 的磷酸二氫鉀加 0.1% 的尿素混合液，以利於果實的正常生長。

147 如何防止玳玳落果？

玳玳果種養得當，其果實一般可從今年秋冬由綠變橙，到了來年春天後再由橙返綠，一直掛 2～3 年或更長的時間，「玳玳」一名由此而得；也就是說它第一年的果實能掛到來年或第三年植株再次開花，通常稱之為「抱子懷胎」。

根據筆者種養過數百盆玳玳的經驗判斷，引起玳玳落果的原因，主要有以下四個方面：

①盆土過乾後又澆水太多，冬季至早春，盆栽植株擺放在室內或溫室中，由於盆土過乾，葉片萎蔫後猛澆大水，使植株承受不了盆土乾濕的驟然間變化，導致澆水後的第二天大量落果。

②蚧殼蟲和煤污病共同作用的結果。特別是蚧殼蟲長期隱匿於果把與果實結合處的凹陷部位，不斷地刺吸果把處的養分，同樣會導致一些果實脫落，但不會是全株性脫落。

個案篇

③室內通氣不暢，二氧化碳氣體長時間積累造成落果；若是花房或室內擺放有較多的盆花，又有幾天因疏忽未打開門窗通風透氣，由於室內植株的呼吸作用產生的二氧化碳積累，必然造成植株上較多果實的脫落。

④室內有煤氣或煙薰。因為室內用煤爐加溫取暖，或者有輕微的煙薰，或者液化氣閥門關閉不嚴密，再加上室內通風不好，一夜間有可能造成全株果實落光。

為了避免秋、冬季搬入室內的掛果玳玳植株出現意外落果，要及時採取防範措施。

①要保持盆土濕潤，並適當給葉面和果實噴水，切忌過乾後猛澆大水；如遇盆土過乾，可先行給予葉面噴水，待其葉片吸水恢復起後，再緩緩給根部澆水。

②及時刷去植株上，特別是果把處的活體蚧殼蟲，也可預防煤污病的發生。

③保持室內通風透氣狀況良好，由於玳玳本身的抗寒性尚可，在不低於 −5℃ 的情況下，一般不受凍害，條件許可時應經常打開門窗通風透氣。

④要嚴防室內有煤氣或其他有毒氣體的微量滲漏及煙薰。

只要注意做到以上四點，並盡量控制玳玳的掛果量，一般可避免玳玳落果現象的發生。

148 鐵樹葉枯根爛後還能死而復活嗎？

購買的裸根鐵樹，種養 2 個月後出現葉枯根爛的情況，主要由以下原因所致。

①由於鐵樹裸根，由南方販運到北方，又未加必要的耐風

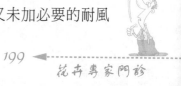

和防寒措施，因其根系嚴重受損後無法再為植株提供水分，通常是葉片先變褐後再枯死。

　　②由於根系被風吹或以後又受凍，運輸途中被反覆彎折，必然致使其失去應用的吸收水養分功能，若入盆栽種後，又沒有及時刪剪去一些葉片，也沒有將失去生命力的根系作剪除處理，可能栽植所用的又是肥沃的腐殖培養土，再加之澆水過多，甚至未等其恢復吸收功能就施肥，這樣因盆土通透性太差、水養分的富集，必然造成根系腐爛。

　　對於葉枯根爛的鐵樹植株，能否讓其「死」而復活呢？其實鐵樹這種死是「假死」，它的生命力極強，只要它的莖幹未受凍發軟或滲水腐爛，都可以行使特殊的搶救措施，使其「死」而復活。具體做法是：

　　先將植株的葉片從基部剪除，再將腐爛的根系修剪乾淨，對根系剪口可用硫磺粉、乾淨木炭粉作防腐處理，然後放在溫暖通風處稍晾，待其剪口收乾後，重新選擇乾淨的花盆，用濕潤乾淨的河沙栽種催根，沙的含水量以手握之成團、鬆開即散為宜。注意不要將鐵樹莖幹全部埋入沙中，只埋到根頸上 3～5 公分即可。將其搬放於溫暖的室內，維持埋沙的濕潤，讓其安全越冬。來年春天穀雨後，再將其搬到室外，用一個無排水孔的瓦盆反扣於植株上，創造一個黑暗的環境，以便誘生出新葉。只要是莖幹未腐爛的鐵樹，一般到 5～6 月間，即可重新萌生出根系，同時抽發出新葉。當鐵樹抽葉約長 10 公分時，應當揭去扣盆，將其放到光線較好的位置，但此時切忌陽光暴曬，以免灼傷幼嫩的葉片。同時注意控制水分，使其葉片不至於抽得過瘦過長。待葉片生長穩定後，再將其重新換肥土栽培，給予正常的水肥管理即可。

149　蘇鐵葉片過長怎麼辦？

　　種養的鐵樹葉片長度超過 1 公尺多，原因有以下幾個方面：①在新葉片抽展期間，因擺放的位置過陰，光線嚴重不足，導致其葉片過度伸長。②在抽葉期間，未能控制好水肥，特別是未能及時給予「扣水」，致使葉片「瘋長」。

　　一般情況下，當新生葉片抽出 10～15 公分時，以保持盆土稍乾狀態為宜，可每隔 10 天澆一次水，適當給予葉面噴水，並且不在抽葉期內追施速效肥。待葉片抽展完成，小葉片發硬定型後，再恢復正常的水肥，即可有效控制新抽葉片的長度。明年 5～6 月間，當鐵樹抽生新葉時，可參照此法進行控水和加強光照，將盆栽植株擺放於全光照的場所，即可使葉片不至於過分伸長。待新抽葉片硬朗後，再將那些過長的老葉片從基部剪去，便可使其成為一株葉片短小，株形精幹的上好鐵樹。

　　鐵樹出現秋季抽展新葉現象是不正常的，由於很快就要進入冬季，管理上應注意：①要控制好盆土溫度，改澆水為噴水；②要強化光照和延長光照時間，迫使葉片不使抽得過長，促使小葉片及早硬化，可有利於其安全越冬。

　　一般只要室溫不低於 10℃，其較嫩的葉片也不會受凍，但應注意要經常給新葉噴水，以防因空氣濕度偏低而出現新生小葉片萎縮，降低其觀賞價值。

150　鐵樹種子為何不發芽？

　　鐵樹種子發芽必須具備三個條件：其一是種實內有成熟飽

花卉專家門診

滿的種胚，這是發芽出苗的根本因素；其二是要有足夠溫度，鐵樹種子發芽的適溫為 30～33℃；其三是要有較高的濕度，要求覆蓋有較厚的壤土或濕沙，一般覆土（沙）要求達 3 公分以上，並始終保持其濕潤狀態。

　　播種的鐵樹種粒，如果砸開後是好端端的，那麼不發芽的原因就在於溫度、濕度條件不具備，為加速其發芽，可再加蓋 2.5～3 公分的濕土或濕沙，繼續保持播種用沙或壤土的濕潤；條件許可時，可用增加光照或電熱線加溫等方法提高土壤溫度，使其達到 30～33℃，只要維持這樣的高溫高濕狀態，有 2 週時間，種粒即可破土而出。

　　當鐵樹種子發芽出土後，要增加光照，勿使其葉片抽生過長。在葉片生長過程中，也應控制澆水，否則葉子會長得又細又長，影響雅觀。

151 種養蘇鐵需加「鐵塊」嗎？

　　不少鐵樹愛好者，在盆栽鐵樹時，常在花盆中放入鐵塊或插入鐵釘，聲稱給植株「補鐵」，其實這種鐵的形態是不容易被鐵樹的根系吸收的。為使鐵樹葉色濃綠，可在追施肥料或澆灌用水中，加入少量的硫酸亞鐵，既可調節土壤的酸度，也可為鐵樹植株提供能被吸收的鐵元素。

152 蘇鐵的部分細根系為何長成珊瑚狀？

　　蘇鐵的部分細根系長成珊瑚狀，是菌根共生的結果。形成蘇鐵菌根是以藍綠藻為主的真菌，藍綠藻具有葉綠體，能進行

光合作用自營生活，但侵入蘇鐵根部後，便依靠蘇鐵的樹體供給其生長繁殖所需要的水和養分，同時吸收土壤中的養分「回贈」給蘇鐵，從而有效地增強了蘇鐵吸收礦質營養的能力。真菌製造和分泌的細胞激動素、維生素、生長素和氨基酸等物質，也有利於蘇鐵的生長，並提高其抗逆能力，如抗病害、抗乾旱等。由此可見，蘇鐵基部的的珊瑚狀根系有利於蘇鐵的生長，必須加以有效的保護。

153 怎樣使鐵樹莖幹上長出較多的蘖芽？

較大鐵樹莖幹中上部萌發蘖芽是少見的正常現象，因為鐵樹莖幹的任何部位都可產生側芽，而這些側芽則是由永存葉基中的特殊組織分化而成，它能生根，一旦與主莖幹分離，即可形成新植株。我們平常不容易見到鐵樹莖幹上出現蘖芽，是因為植株年齡較小，或是在該植株頂端優勢的控制下，暫還不能形成明顯的蘖芽，而使側芽長期處於潛伏狀態。一般情況下，莖幹高度在 30～50 公分之間的鐵樹植株，只能在根頸處產生少量蘖芽。

要用人工方法促使鐵樹莖幹上長期潛伏的側芽萌發，必須打破原植株的頂端優勢。

其具體做法是：早春時節，選擇晴好天氣，當栽培的土壤稍呈乾燥時，用利刀剜去鐵樹頂端正中的主芽，或將整個端部削去，將削下的梢端剪去葉片，扦插於濕潤的細沙中，其梢端同樣可生根形成新植株，鐵樹經過剜芽或去頂，打破了原植株的頂端優勢，向上生長短期內被明顯抑制住，這樣就協迫潛伏於莖幹上的隱蔽側芽加速萌發，很快就會在鐵樹莖幹上冒出許

花卉專家門診

多蘖芽（又稱吸芽）。

　　值得注意的是：剜去頂芽或切去頂端的部位，待其創口收乾後，要用硫磺粉或石硫合劑塗抹傷口，也可用高濃度的「多菌靈」藥液塗在傷口上，以防創口感染病菌，造成鐵樹莖幹爛心。另外，盡量不要讓雨水或人工澆水淋濕創口，最好用蠟封創口，或用乾淨的薄膜包裹好創口，防止因創傷處積水造成莖幹腐爛。

　　當莖幹上的蘖芽生長到直徑 3～5 公分時，有的已抽生數枚葉片，有的還沒有抽生葉片，此時用利刀切割下來，即可用於培育小鐵樹。對於切去頂端的植株，在原植株適當的部位，選留幾個大小不一的蘖芽，不需要的蘖芽切下用於培育小苗，並重新選一個較大的頂端蘖芽代替主芽，換上古樸的紫砂盆，可制作成形態優美的多頭蘇鐵盆景。

154　切割的鱗秕澤米蘖芽不長葉怎麼辦？

　　鱗秕澤米，又名南美蘇鐵、闊葉蘇鐵、美葉鳳尾鐵。性喜溫暖濕潤和陽光充足的環境，耐乾旱、忌積水，稍耐寒，畏強光暴曬。遇到切割下來的蘖芽不長葉的情形，可將其埋栽於濕沙中，為其創造一個相對黑暗的環境，可誘導其抽葉。

155　金邊瑞香為何長勢不良？

　　金邊瑞香性喜溫暖濕潤和半陰的環境，不耐寒，怕高溫乾旱，耐陰性強，忌強光暴曬，怕積水，但萌芽力強。生長適濕為 15～25℃，冬季室溫應不低於 5℃。土壤以富含有機質、排

水良好的微酸性沙壤土為宜。

在夏季當氣溫達33℃以上時，植株被迫進入休眠狀態，表現為葉片失神缺乏生機。此時一要控制澆水，改澆水為噴水，以維持盆土略呈濕潤狀態為宜，避免高溫高濕造成根系腐爛；二要適當給予遮陰，將其擱放於通風涼爽的環境中，否則，光照過強、通風不良，會引起葉片發黃脫落；三要停止一切形式的追肥，待到秋涼植株恢復生長後，再給予正常的水肥管理。

金邊瑞香生長不良可能有以下幾個方面的原因：

①上年秋天的扦插苗，尚未形成發達完整的根系，抗性相對較差；

②土壤板結，通透不良；

③水肥失控，導致部分根系腐爛；

④夏季高溫，而且高溫時間較長，或放在陽臺上，與其原生涼爽環境懸殊較大。

北方地區種養金邊瑞香在注意盆栽用土的同時，應特別重視夏季和冬季的管理。春天花謝後，將其移至早晚有陽光照射處。夏季置於蔭棚下的通風處，經常給葉面及周邊環境噴水，借以增濕降溫，同時要防止雨淋。秋季入室後置於向陽處，冬季室溫保持在5℃以上即可安全過冬。

雨季是瑞香的生長旺季，澆水要見乾見濕，忌漬水，否則肉質根易腐爛。冬季開花前、春季萌發抽梢期、花芽分化期，各追施一次氮、磷、鉀均衡的薄肥液，忌用生肥、濃肥、大肥。

156 扶桑爲何不正常開花？

紅扶桑在開出二三批花後，出現花朵越開越小、顏色變

淡、重瓣趨向單瓣的不正常現象，原因有二：

①盆土中營養有限，而扶桑花又特別喜肥，一些可利用的有效養分已在連續開花中被大量耗盡，又未能及時補充速效性養分；

②盛夏時節，天氣乾熱，若遮光過度光照不足，也會使其花朵變小、顏色暗淡。

防止方法：給盆栽植株鬆土後，每星期追施一次稀薄的速效肥，可在餅肥水中加入 0.2％的磷酸二氫鉀；對已開過二茬花的花枝進行縮剪，促使其下部萌生新的花枝；對一個花枝上出現的過多花苞，要適當摘去一些，使其有計劃地孕蕾開花。另外，在盛夏高溫季節，還應經常給周圍環境噴水增濕，同時中午前後給予遮陽，避開強光暴曬，但又不能遮光過度，方可使其開花不斷，花色始終保持鮮艷可人。

黃扶桑出現只孕蕾不開花的落苞現象，可能是光照不足所引起。扶桑性喜溫暖濕潤和陽光充足的環境，耐濕怕乾不耐陰，若盆栽植株擱放的位置偏陰，光照不足，花蕾極易脫落。一般情況下，遮光可掌握在中午前後的 3～4 個小時，或將其擱放於遮光 40％左右的遮蔭棚下，或將其擱放於遮蔭棚的外緣，避開正午和西曬的太陽即可。

另外，盆土要始終保持濕潤，不能過乾或過濕，空氣也不能過分乾熱，否則同樣會造成落苞。

157 一品紅葉尖為何乾枯？

一品紅的自然花期一般為元旦至春節期間，而市場上銷售的反季節盆栽一品紅為大棚栽培的經過催花處理的商品盆花。

由於大棚中溫度、濕度可以人工調節，與家中的溫、濕度方面存在著較大的差別，從而導致出現葉尖乾枯的不正常現象。

一品紅葉尖乾枯，具體可能以下幾個方面的原因：

①室溫高而相對濕度太低，空氣乾燥造成葉尖枯焦；

②澆水時使盆土與盆壁分離，導致營養鬚根先端枯萎，從而引起葉片尖端乾枯；

③盆花擺放的位置不妥，受到了乾熱空氣的吹掃，或有乾風從盆底排水孔吹入，導致植株葉片先端乾枯。

入冬後擺放在室內的一品紅應維持 15℃ 左右的室溫，盆土經常保持濕潤，經常給葉面噴霧，每天 2～3 次，以夜間葉面不滯水為度。當室內氣溫超過 20℃ 時，不僅要給葉面噴水，而且還要給地面噴水，以增加室內環境的相對濕度，防止葉尖乾枯。

158 一品紅苞片在什麼條件下顯紅？

一品紅為典型的短日照植物，每個花枝的最佳觀賞時間為 12～18 天，整個植株的最佳花期長達 3～4 週，是重大節日的主要擺花之一。

一般經人工調控光照和溫度，可將其花（苞片）控制在元旦、春節、「七一」、國慶、中秋、聖誕節等特定時間開放。一品紅在短日照的條件下，單瓣品種約經 50 天、重瓣品種約經 60 天的遮光處理，即可促成苞片顯紅。應根據需要其開花的具體日期，向前推算出開始進行遮光處理的恰當時間。

例如：要使單瓣一品紅在國慶節開花，可從 8 月上旬開始進行短日照處理，除每天上午 8 時至下午 5 時接受自然光線

外，其餘時間均用黑色塑料薄膜將植株罩嚴，使其每天只能接受 9 個小時的光照，50 天後它便可於國慶節顯紅開花。在遮光處理期間，白天氣溫超過 33℃要注意向地面灑水降溫。夜間 10 時以後開門窗 2～3 個小時通風降溫。

遮光處理必須連續不斷，否則已變紅的苞片還會恢復到原來的綠色。每 10 天施一次稀薄的氮磷復合肥，注意氮肥以硝態氮為好，如硝酸鉀，不宜使用氨態氮，如氯化銨。在花期控制過程中，環境溫度不應低於 15℃，否則都會使花期後延。

159 一品紅為何落葉？

一品紅落葉，究其原因有以下幾個方面：

①盆土過乾。植株的營養鬚根乾縮受損，導致其吸收水分的功能下降，造成下部葉片先行脫落。

②盆土過濕。因盆內積水，造成其營養鬚根腐爛，植株吸收水分的功能銳減，致使葉片脫落。

③如果葉片焦邊後再行脫落，則主要是空氣濕度太低所致。

④溫度太低。葉片發黃脫落。一品紅要求維持不低於 13～16℃的低溫，如果早晨的最低氣溫低於此下限溫度，或溫度驟然下降，則極易造成一品紅葉片的發黃脫落。

⑤光線太弱。一品紅十分喜光，春、夏、秋三季可接受全光照，若秋後過早將其移放到室內，又沒有為其創造一個應有的光照條件，包括增加室內的光照強度和適當延長光照時間，也易出現葉片發黃脫落。

⑥一品紅擺放在空氣污濁缺氧的室內，也會在一夜間增落

較多的葉片。

家庭栽培一品紅，應重視以下幾個方面：

(1)溫度：它性喜溫暖的環境，苞片現紅後應維持不低於13℃的氣溫下限，否則因溫度太低，容易導致葉片發黃脫落；

(2)光線：春、夏、秋三季均可放在室外陽光充足處，使其生長健壯，冬季也應給予盡量多的光照，使其生長健壯，可用白熾燈光補充；

(3)水分：生長季節要保持盆土有足夠的水分，但忌積水，應該看到盆土表面1～2公分的深度變乾後再澆水，每次澆水要澆透，冬季則因室溫低，要減少澆水，以保持盆土微潮為宜；

(4)空氣濕度：開花時期要經常向葉面噴霧，借以增加局部空間的環境相對濕度，室內還可在地面上灑水。如果還想在第二年繼續開花觀賞。可在其開花結果後，將植株從基部5～8公分處剪斷，換盆時刪去一部分宿根，更換上新鮮肥沃的培養土後，再將其擱放在光線充足處，加強水肥管理，使植株生長強健，第二年方可繼續開花。扦插育苗，一般在春季進行，剪取粗壯枝段後應攤晾一段時間，待其剪口滲出的乳白色汁液收乾後再行保濕沙插或土插，成活率較高。

160 蒔養珠蘭應注意什麼？

珠蘭喜溫暖，怕高溫，也不耐寒，喜夏季涼爽濕潤、冬季溫暖、四季溫差小的環境，冬季宜維持5℃以上的室溫。它屬陰性植物，喜散射光，忌強光暴曬，一般透光率以30%為宜，光線過強易招致葉片變黃失色，甚至被灼傷後出現「白斑」，所以，入夏至初秋均需給予遮蔭。

它特別喜歡濕潤的環境，要求空氣濕度達 80%，土壤含水量 25%～30%，平時盆土以濕潤為主，過乾易導致葉片枯萎脫落。其肉質根系對土壤要求較嚴，需良好的通氣和排水條件，適宜疏鬆、肥沃、富含腐殖質的沙質土；忌盆內積水，否則易造成爛根、葉片發黑及死亡。

珠蘭葉尖發焦的原因，一是氣溫過高、光線過強；二是空氣濕度太低；三是盆土過乾或板結不通氣；四是植株根尖受到損害（爛根）所致。在管理上盆栽珠蘭宜多噴水，少澆水，保持盆土濕潤為宜；入夏後給予搭棚遮蔭，盆栽四周也要經常給予噴水。

珠蘭的花期為 5～10 月。鑒於其有怕陰、怕冷、畏濕的特點，盆栽以山泥、塘泥為最佳。進入 5 月後施肥應以磷肥為主，使其不斷開花所消耗的養分能得到足夠的補充。入夏後及時搭棚遮蔭，葉片多噴水，盆土適量澆水。家庭盆栽可將其放在北向陽臺上或室外有遮蔭處養護，可遮光 70%，切忌強光直射，為使其能多開花，當其莖蔓長到 20 公分高時，要及時摘心，促使其下部腋芽的萌發，形成能開花的當年生頂梢。

另外，對開過花的枯敗花序也要及時摘去。開花前還應在花盆內設立環形支架，把枝條均勻地牽引到架面上固定，既可避免枝條散亂，又能增加通風透光，可有效促進其多開花。盆栽植株宜於霜降前搬入室內，放在光線充足處，室溫保持在 10℃ 以上為好。

161 繁茂的米蘭為何香氣不濃？

米蘭香味的濃淡程度，首先與陽光、溫度有密切的關係。

個案篇

它要求每天8小時以上的光照時間，或在30℃左右的充足光照下，米蘭才能長得葉色濃綠、枝條粗壯，開花次數增多，且香氣濃烈。若栽種或放置在陽光不足，溫度較低而又通風不良的場所，則枝葉易徒長，開花次數少，且香氣清淡。為此，米蘭自春季出房後，整個生長季節都要放在通風良好、陽光充足的場所養護，方可促成米蘭植株多開花，且香味濃烈持久。

其次，米蘭香味的濃烈程度還與施肥的多少、肥料的種類有關。米蘭一年內多次開花，消耗養分較多，必須及時補充養分才能開花不斷。自5月下旬開始，可每隔半月澆施一次含磷素較多的速效液態肥，如經過充分漚透的雞、鴨、鴿糞和用骨頭、魚鱗、蛋殼等漚制的液肥，也可追施0.5%的磷酸二氫鉀液，施用這類肥料，有助於多孕花朵，使花色金黃、香氣濃烈。若在米蘭持續開花期施肥不足，或施氮肥過多而又缺乏磷肥，則會枝條細瘦，開花次數減少。即使出現花蕾也易凋萎，或很難聞到香味。

另外，米蘭喜濕潤，生長和開花期間澆水要適量。若澆水過多易導致爛根，葉片黃化後脫落，或者花期引起落花落蕾，而澆水過多，又易導致葉緣枯焦、枯蕾。米蘭越冬，一般以保持10～15℃的室溫，並控制住頂芽不萌動為好；若室溫低於5℃，則易受凍落葉。

162 米蘭怎樣安全過冬？

米蘭北方安全越冬可從以下幾個方面入手：

①入室前進行適應性鍛鍊，立秋後少施氮肥、增強磷鉀肥，同時少澆水、多見光，使盆土偏乾，促使枝葉生長健壯，

花卉專家門診

增加本身的抵抗力，可於寒霜至霜降之間搬入室內；入室後還要經常打開門窗透氣，使其適應室內環境。

②要控制好室內溫度，北方一般要保持10～12℃之間，勿使其頂芽萌動，否則來年春季出室受到冷風吹拂易出現落葉和乾梢，影響其開花；室溫最低不易低於5℃，否則植株受寒後易落葉。

③是要控制好盆土的乾濕，越冬米蘭處於生長停滯狀態，澆水應特別注意，要盡量做到盆土上下水分均衡，偏乾為度；為增加空氣濕度，可每隔3～5天用與室溫接近的清水噴洗葉面，既可洗去枝葉上沾附的纖塵，又可增加局部空間的濕度，但不能噴水過多，否則易造成盆土積水爛根。另外，澆水溫度亦應基本與室溫相近，切忌兩者溫差過大。

④增加室內光照，盆栽米蘭冬季不見陽光是不行的，應盡量將其擱放於向陽處養護，如條件不具備，可用100～300瓦的白色熒光燈補充光照，一般應離開植株1公尺左右，每天增加3～4小時的光照，光照不足容易造成落葉，同樣會影響來年的開花。

⑤要停止施肥，米蘭在冬季室溫10～12℃的條件下，不必施肥，因植株處於強迫休眠狀態，不僅不能吸收肥料養分，而且會因冬季施肥而造成爛根。

⑥增加必要的通風透氣，天氣特別寒冷時，可在植株外套上塑料薄膜罩，但不能長時間悶在其中，可在中午氣溫升高時打開套袋透氣。寒潮結束後沒有必要長時間套罩塑料袋；注意通風透氣時不要使其受冷風吹襲，否則會對植株造成嚴重傷害。

個案篇

163 八仙花為何不開花？

八仙花即繡球花，又名紫陽花、陰繡球，花期通常在 6～7 月份。八仙花莖幹粗壯、葉片肥大、葉色濃綠但不開花，可能有以下四個方面的原因：

①對盆栽植株未進行有目的修剪，通常在花謝後需及時將枝端剪短，促使其分生新枝，待新枝長到 8～10 公分時，可以再次短截，可促使其上的側芽及早發育充實，這樣方能有利於次年長出花枝；也就是說通過打頂抑制植株的營養生長，來促成其多發側枝、孕生花芽。

②施肥種類比例失調，可能氮肥偏多，磷鉀肥偏少，致使其營養生長過旺，因而不利於花芽的孕育，使植株在第二、第三年不能正常開花。

③可能澆水偏多，當其植株新梢長到一定的長度後，要適當給予「扣水」，以抑制其營養生長，促使花芽分化。

④光照時間控制不到位，八仙花為短日照植物，每日維持黑暗 10 小時以上，約 6 週才能形成花芽。作促成栽培的植株，需經過 6～8 週的冷涼（5～7℃）期後，將植株置於 20℃ 的溫度條件下催花，當可見到花序時，即將其溫度降到 16℃ 左右，這樣維持 2 週左右即可開花。

164 散尾葵中下部葉片發黃怎麼辦？

散尾葵為原產於馬達加斯加的棕櫚科熱帶觀葉植物，性喜溫暖濕潤，耐寒性不強，要求疏鬆、肥沃、排水良好的酸性、

半酸性土壤環境。若散尾葵植株中下部葉片出現邊緣失綠黃化現象，可能有以下幾個方面的原因：

①盆土過分黏重，造成部分根系先端腐爛。

②空氣濕度太低，或盆土板結，致使一部分根系吸收不到足夠的水分，導致中下部老葉先行發黃衰老。

③土壤酸度不夠，影響了根系的吸收功能。

補救辦法：將植株從花盆中脫出，仔細檢查看看有無腐爛的根系，若發現有爛根，可將其已腐爛的部分剪去再用腐葉土、泥炭加 1／5 的細沙及少量漚透的餅肥，配製成復合營養土，給植株換盆。在養護過程中，冬季保持室溫不低於 5℃，且有較好的光線，植株周圍經常給予灑水。在夏秋季天氣乾旱時，應保持盆土濕潤，在給葉面噴水的同時，也給植物四周的空間灑水，借以增加空氣溫度；同時還須給予適當的遮蔭，避免陽光直射。另外，可每隔 30 天澆施一次稀薄的餅肥水，內加少量的硫酸亞鐵，在為植株提供養分的同時，調節土壤的酸鹼度，以滿足散尾葵正常生長的需求。

165 巴西木葉片枯焦怎麼辦？

巴西鐵生長適濕為 20～25℃，若溫度低於 13℃，即進入休眠狀態；溫度太低，因根系吸水困難，葉片蒸發的水分得不到及時補充，易導致葉尖及葉緣出現黃褐斑，降低其觀賞價值。冬季室溫最低要保持 6～10℃之間，若室內溫度過低，且空氣乾燥，下部葉片發黃後焦邊，甚至出現部分葉片枯死也是在所難免的。生長季節，要保持盆土疏鬆、通透良好，5 月下旬後不宜長時間強光照射葉片，應經常給予葉面噴水，少澆水，特

別是在夏季中午前後要避開強光照射，否則如盆土通透不良、根系腐爛、光照過度，空氣相對溫度過低等，均有可能導致葉片發黃枯焦或死亡。

巴西木葉片發黃枯焦的原因，多出現在根系上。可將植株從花盆中脫出，查看其根系是否腐爛，若有腐爛的根系，必須用剪子從腐爛的部位剪除，保留尚有生命力的根系部分，同時剪去植株上發黃枯焦的葉片，即便是只剩下根光杆也無大妨，不會影響其再度重新抽芽發葉。可利用濕潤的素沙將其細心栽好，不要添加任何肥料。

將栽好的植株搬放到涼爽、避光、通風處，對植株可每天噴水 2～3 次，不要經常給盆土澆水，維持盆土（沙）稍有水氣、略微濕潤即可。只要其莖幹尚未壞死，其上的芽眼就能重新發芽長出新葉。到了秋季植株葉片長豐滿後，再重新換上通透良好的培養土，置於溫暖的室內過冬，來年春天方可給予正常的水肥管理。

166 盆栽九里香生長開花欠佳的原因？

九里香花期 7～10 月，開花時枝上綴滿白色小花，因其香味極濃、擴散性強、芳香遠播而得名。水肥管理應根據其自身的生態習性來決定。它喜溫暖，不耐寒，越冬溫度不能低於5℃；喜濕耐陰，適合於較蔭蔽的陽臺上種養，夏天可置於疏蔭下養護；它又較耐乾旱，不擇土壤，但在疏鬆肥沃的沙質土上生長較好；它萌發力強，耐修剪，適於用作樹樁盆景材料。要想其開花繁茂、香濃，管理上應注意以下措施：

(1)肥料管理：每年春季換盆時，盆底施入含磷鉀較多的遲

效有機肥作基肥，種類如腐透了的雞屎鴿糞、骨粉等；生長季節不可偏施氮肥，可每月追施一次稀薄的餅肥液，並於孕蕾開花前多施速效磷鉀肥，種類如磷酸二氫鉀等；若氮肥過量、且缺少磷肥時，易導致枝葉徒長而不孕蕾開花；入秋後停施氮肥，追施 1～2 次磷鉀肥，借以增加植株的抗寒性；入冬停止生長後，應及時停肥。

(2) 水分管理：九里香較耐乾旱，生長期間也不宜澆水過多，只要能保持盆土稍濕潤即可。夏季高溫季節澆水要充足，但盆土內不得有積水，否則易導致植株爛根，影響其開花結果。同時還應經常給枝葉上灑水噴水，這樣既能起到增濕降溫的作用，又可使其枝葉長得油綠可愛。冬季將植株擱置於室內或在棚中，保持盆土濕潤即可，但也不能過乾，宜少澆水，多灑水噴霧，既可增加空氣濕度，又能洗去葉面上附著的纖塵，並可避免因空氣乾燥而出現較多的落葉，影響到美觀和來年的正常萌發生長。

(3) 修剪：為了促使枝條能多孕蕾開花，對生長過旺的新枝應及早打頭，同時加以控水和適當增施磷鉀肥，就可有效促進植株的孕蕾開花。五是光線不足。儘管九里香有一定的耐陰性，但盆栽植株若長期擱放於比較陰暗的場所，也會導致枝葉旺長而不能正常孕蕾開花。

167 盆栽茉莉為何只長葉片不開花？

①光照不足。環境過陰導致枝條徒長，致使其莖杆細、節間長、葉質薄，茉莉每天應接受 8～10 個小時的正常光照，正如俗話所說「曬不死的茉莉」。

②氮肥偏多、磷肥不足，致使其孕蕾開花缺乏應有的物質基礎。

③未及時進行修剪或摘心，每期花謝後要及時進行縮剪，摘去殘花敗梗，或及時摘去過分旺盛的頂梢，打破頂端優勢，以促進其多發健壯枝條，方可再度孕生花蕾。

④澆水偏多，影響了植株的花芽分化；出現生長旺盛但不見開花的植株，可在讓其多見陽光的同時，待其新梢及嫩葉稍呈萎蔫狀態時，再給予補充澆水，可促成其孕生花蕾。

168 冬季出現大量落葉的茉莉怎樣救治？

盆栽茉莉植株大量落葉的原因：一是盆土過乾導致落葉；二是冷風吹襲、溫度偏低引起的「風寒」落葉；三是澆水過多形成爛根落葉；四是光線太暗引起「饑餓」落葉。

救治方法：對於落葉的盆栽茉莉，只要其莖杆尚呈青綠色，春暖出房時剪去所有的枯枝；進行翻盆換土時，剪去那些已腐爛的根系，重新用培養土栽種好，澆透水後置於背風向陽處。暫停施肥，注意向莖杆噴水，盆土不乾不澆水。可很快從其莖杆上或根頸處萌發出新的枝梢。

169 怎樣防止茉莉開畸形花？

茉莉植株在立夏後至小滿前，出現第一次花蕾，俗稱「帶娘花」，花蕾較少，一般每枝 2 朵左右，且花朵小、質量差，這是一種普遍的現象。為了避免虛耗養分，促進更多新枝萌生，當年能多開花、開好花，這時摘去花蕾和枝梢，是保證茉

莉全年能多開花、開旺花的關鍵性措施之一。

另據有關資料介紹：茉莉喜東南風，西北風常造成植株開花不足，部分花朵變成紫紅色（俗稱「紅粒」），或造成花朵畸形（又稱「百縮頸」）。有鑒於此，茉莉花應選擇光照充足、空氣流通，又能避開風的場所培植，可望減少花朵畸形發生。

盆栽茉莉花施肥是關鍵：越冬後離開棚室的茉莉花處於萌發階段，可隔日施一次0.5%的薄糞水，以代替澆水。5月中旬第一次開花前，施一次20%的濃糞水，因為第一期花數量少、質量差，可在花蕾期就將其摘去，同時縮剪徒長枝。摘蕾後及時追施2～3次稀薄餅肥水，以利於促發新枝。從3月中下旬開始，追施含磷素豐富的液肥，如0.5%的過磷酸鈣液，或腐熟發酵過的雞鴨糞水，每隔3～5天於傍晚盆土稍乾時施用，這樣可保證夏花多而旺。

另外，在每批茉莉花的花蕾形成時，噴施一次0.1%的磷酸二氫鉀溶液，在花蕾長至綠豆大小時，再噴一次0.1%的硼砂溶液，能促進花蕾增大、香氣濃郁。

170 如何促成三角梅開花？

三角梅不同的花色品種開花習性有一定的差異，這是很正常的現象，但不能就輕易斷定其有「少花型」和「健花型」。三角梅原產熱帶南美洲的巴西海島，屬強陽性花卉，在20℃以上才能正常生長和開花，15℃以下停止生長，10℃以上開始落葉，2℃嫩枝受凍，–4℃以下全株死亡。栽培環境必須每日暴曬5個小時以上才能生長正常和開花。由於其原產地區地處赤

個案篇

道附近，四季日照時間都基本一樣，即白天和黑夜都是 12 小時，只要植株生花旺盛，全年均可形成花芽而開花不斷。促成三角梅開花的措施有五個方面：

①常暴曬，應將其放置在陽光充足處，這樣既有利於營養生長，也有利於生殖生長；經過長日照處理的植株，枝條節間短，生長充實，花量多，花色深，花期長。

②勤修剪，剪梢摘心有利於促發新枝，因為三角梅的花朵只能孕生於新枝的頂端，但修剪宜在春、夏季進行，8 月中旬以後修剪會影響其開花；修剪的對象為內膛枝、瘦弱枝，徒長枝、交叉枝，過長枝條可保留 1～2 個芽眼實行短截。

③嚴扣水，三角梅宜於開花前 1 個月，約於 8 月中旬前後開始扣水。一般在澆一次透水後，要在其葉片及嫩枝呈萎蔫下垂後再澆水，如此反覆幾次，直到枝頂的葉腋間冒出花芽時為止，方可恢復正常的澆水，扣水可明顯促成花芽的分化和形成。

④巧施肥，三角梅不宜過多施用氮肥和尿素，否則易產生枝葉繁茂而花朵稀少的現象。一般春季花謝後是三角梅營養生長期，可每隔 10 天施一次尿素液或稀薄餅肥水，為其秋季的開花打好基礎。入夏後改施復合肥，或在使用稀薄氮液的同時，用 0.1%～0.2% 的磷酸二氫鉀溶液作追肥，每半月 1 次，促成花芽的形成和生長。

⑤控光照，控制植株每天光照不超過 10 個小時，連續 45 天，可明顯促成其開花。

171 綠寶石葉片有病斑壞死怎麼辦？

患有灰霉病和細菌性葉斑病，不僅對綠寶石有較大危害，

而且對綠蘿、紅寶石、龜背竹、春羽等喜林芋屬觀葉植物同樣有嚴重的危害，應及早進行防治。

灰霉病的發病適溫為 20～25℃，在溫度不高、濕度偏大時最為嚴重。發病初期，葉上產生水漬狀病斑，且有不明顯的輪紋，病部有不太鮮明的灰色霉層。

防治方法：可用 50% 的速克靈可濕性粉劑 2000 倍液，或70% 的甲基托布津可濕性粉劑 1000 倍液，或 65% 的甲霉靈可濕性粉劑 1500 倍液，交替進行噴霧防治。

細菌性葉斑病多在低溫期發生，發病初期葉片上產生水漬狀壞死，病斑逐漸變成深褐色，病斑上有同心輪紋，邊緣黃褐色。

防治方法：可用 72% 的農用鏈霉素可濕性粉劑 4000 倍液，或 60% 的乙磷鋁可濕性粉劑 600 倍液，或用 0.1% 的高錳酸鉀溶液，進行噴霧防治。

另外，還要注意防治炭疽病。可用 75% 的百菌清可濕性粉劑 800 倍液，或 75% 的炭疽福美可濕性粉劑 400 倍液，或 80%的代森鋅可濕性粉劑 500% 倍液，交替進行噴霧防治。

值得注意的是：觀葉植物栽培，除必須加強土壤、溫度和水肥管理外，為防治病害的發生，應定期噴灑 1：1：100 等量式波爾多液，做到防患於未然，這是非常有必要的。

172 銀星秋海棠為何落葉掉瓣？

銀星秋海棠出現落瓣掉葉現象，主要有兩個方面的原因。

①爛根後落葉，因越冬期間管理不善所引起的。銀星秋海棠的生長適溫為 20～22℃，如室溫偏低，光線又差，而植株此

時恰好已處於半休眠狀態，若澆水過多，易導致爛根落葉。

②水肥失調，銀星秋海棠的落花落蕾大多因水大肥多所造成；若室內氣溫能維持 20℃ 以上，且光線較好。可於蕾期追施 1～2 次速效磷肥，開花期間暫停施肥，平時保持盆土見乾見濕，這樣才能避免或減少落花落蕾。

銀星秋海棠入冬後應放在早晚能見到陽光的地方，停止施肥，控制澆水，保持不低於 12℃ 的室溫，同時每隔 5～7 天，用與室溫相近的清水噴澆一次葉面，保持室內有一個相對較高的空氣濕度。只有這樣才能使其枝葉始終呈現新鮮滋潤的狀態，來年方可枝繁葉茂花多色艷。

此外，銀星秋海棠的冬季室內養護，還應加強通風透氣，若通風透氣不良，室內空氣污濁，二氧化碳濃度偏高，也容易造成落葉掉花。

173 鐵十字海棠夏季為什麼葉片易腐爛？

當夏季氣溫達 32℃ 以上後，鐵十字海棠生長停滯，進入半休眠狀態，其葉片上面有較多的皺褶，並密布有刺狀毛，不利於水分的蒸發。如果在澆水或噴水時，葉面上的水滴未能及時蒸發掉，或沾有肥液等，易為病菌侵染創造條件，從而導致植株葉片腐爛，甚至全株死亡。

174 麗格海棠夏季為何生長不精神？

麗格海棠喜環境溫和涼爽，生長適溫為 15～22℃，畏高溫，怕強光直射和空氣乾燥。所以夏季生長出現不精神狀況是

對不適宜之光熱環境的一種反應表現。為使其能安全過夏，一是遮光50%～70%；二是維持不高於28℃的環境溫度；三是控制盆土澆水，保持盆土濕潤；四是增加環境噴水，借以增濕降溫；五是氣溫超過28℃停止施肥；六是增加環境的通風透氣。

175 蝸牛啃食麗格海棠的葉片怎麼辦？

陰雨天氣，蝸牛啃食麗格海棠的莖葉，造成難看的缺刻、孔洞。

防治方法：可用6%的蝸牛敵顆粒劑混拌乾沙均勻撒施於盆土中；在環境四周及盆土表面撒施茶籽餅粉末、煙灰粉末，也可噴灑氨水，但應注意不要將氨水滴落在葉片上，以免灼傷植株，可有效驅趕或殺死蝸牛，少量盆栽，可用滅蚊淨噴殺。

176 冬季葉片落光的竹節海棠怎樣施救？

冬季由於溫度偏低、光照不良、通風欠佳、空氣乾燥、盆土板結等原因，易導致竹節海棠植株葉片脫落光，僅剩下一些光杆。遇到這樣的情形，可於春季氣溫回升後，將植株從花盆中脫出，抖去宿土，剪去已腐爛壞死的根系，對莖杆枝條稍作短截，將其先埋栽於稍呈濕潤的河沙中催根，多噴水，少澆水，待催生出細嫩的鬚根後，再更換新鮮肥沃的疏鬆培養土栽種。

177 火鶴花葉花、佛焰苞出現異常怎麼辦？

火鶴花在使用了專用肥後，葉片常出現鐵紅色斑條、花朵

也出現暗色斑，一是可能與施用肥料的濃度和方法不妥有關；二是可能與溫度驟然變化有關。

火鶴花，原產哥斯達黎加和危地馬拉，它性喜溫暖、濕潤及半陰的環境，忌強光直射，不耐寒冷。家庭盆栽的培養土可用腐葉土（或泥炭土）加1／4的珍珠岩，另加少量骨粉或腐熟的餅肥末混勻配成，也可在其中加入一些發酵過的樹皮或木質纖維，以增加培養基質的通透性，防止可能出現的植株根部積水。盆栽時，花盆底部應墊5～6公分厚的碎磚粒或粗砂粒，以便於排水。生長旺盛季節要澆足水，使盆土乾濕相間，深秋及次年早春應適當控制澆水，否則由於溫度偏低極易造成植株爛根。生長季節，可每月澆施2～3次氮、磷、鉀均衡的液態肥。

火鶴花生長適溫為20～25℃，越冬溫度應保持在10～15℃以上，它喜半陽環境，夏季最好將其移放於室內北向窗前，春秋兩季宜放在南向窗口前，光線強些，開花大而鮮艷。但葉片易發黃。在夏天最好將其放在裝有濕沙的淺盤中養護，花期結束後再搬到室外陰棚下進行一段時間的恢復性養護，早晚見陽光，中午前後給予4～5個小時的遮蔭，促成植株長得更為茁壯。高溫季節每天要向葉片和地面噴水2～3次，借以降溫和增加局部環境的空氣濕度。冬季將其放在室內朝南的窗臺上，使其有足夠的光照，有利於花芽的形成。

火鶴花宜每隔1～2年換盆一次，時間以早春最為合適，並可結合換盆進行分株繁殖。

178 綠巨人夏季養護應注意什麼？

綠巨人對水分的需求量很大，稍缺水，葉片即萎蔫下垂，

花卉專家門診

所以要保持土壤有充足的水分。

在小苗階段要求空氣濕度達到 80% 以上，盆栽大苗每隔
1～2 天澆水一次，如夏季高溫乾旱，每天澆水 1～3 次，以增
加葉面的水分，起到降溫作用。

綠巨人性喜陰蔽，在散射光下能正常生長，忌陽光直射，
但嫩葉長出後若被日曬就引起日灼。如用遮蔭網搭棚的，遮光
度應在 75% 以上。

綠巨人在 25℃ 左右生長快速，在 6℃ 的短暫低溫，對其生
長沒有直接影響；低於 6℃ 就會引起枝葉的凍害；32℃ 時，保
持陰蔽環境和充足的水分，亦能安全生長。

綠巨人的根系發達，需肥量較大，栽植時應施足基肥，並
保證且每週追肥一次，以促使葉片生長，加深葉色，提高觀賞
價值。

綠巨人植株趨光性特強，盆栽植株若長時間固定放置於某
一位置，容易使受光的一側葉片向光線來源處延伸、彎曲、下
垂，使原來分布均勻、蓬勃有序的葉片偏向一邊，甚至變得散
亂不齊。針對綠巨人植株的趨光性，在室內盆栽時，可每隔 1
星期左右在其葉片趨光效果尚不明顯時，調轉花盆方向，讓原
來背光的一面轉為向光面，使植株受光均勻，方可長期保持其
良好的株形。

179 綠巨人「無精打采」怎麼辦？

綠巨人出現越長越小、無精打采的狀況，可能與盆土板結
貧瘠、環境乾燥等因素有關。綠巨人喜高溫多濕和半陰的環
境，生長適溫為 18～30℃，要求空氣濕度在 50% 以上，冬季最

好不低於 15℃。土壤要求疏鬆肥沃、富含有機質。如果將其長期放在室內客廳的陽臺上，與其原生長環境相差太大，且長期未予換盆，營養也比較貧乏，因此就會生長不好。

補救辦法：可將其從花盆中脫出，用竹簽挑去一些宿土，同時剪去一些老化或已腐爛的根系，再換用腐葉土、泥炭土、粗沙等量混合的培養土栽種，內加少量的過磷酸鈣。在 3～10 月的生長期內，保持盆土濕潤；盛夏時節，經常向葉面及四周噴水；生長季節每半年追施一次 0.2% 尿素液。夏季不要讓陽光直射其葉片，陰雨天可將其搬到陽臺上接受天然雨露的滋潤，可望很快恢復生機。

綠巨人易發生細菌性葉斑病、褐斑病和炭疽病的危害，可用 50% 的多菌靈可濕性粉劑 500 倍液進行防治；若發生莖腐病，可用 75% 的百菌清可濕性粉劑 800 倍液進行防治。

180 盆栽酒瓶蘭長勢不佳的原因？

酒瓶蘭為龍舌蘭科酒瓶蘭的多年生大型肉質觀賞植物，原產墨西哥北部及美國南部的乾熱地區，為常綠小喬木。樹高可達 10 公尺，莖幹直立，下部肥大，狀似酒瓶，因此得名。老株莖幹表面會龜裂，狀似龜甲。葉線形，全緣或有細鋸齒，軟垂狀，花白色，生命力強。盆栽酒瓶蘭長勢不佳的原因，主要是未能根據其生態習性採取與之相應的養護管理方法。

酒瓶蘭性喜溫暖乾燥的環境，喜陽光充足，稍耐疏陰，抗乾旱，怕積水，較耐寒。但畏嚴寒。栽培宜用疏鬆肥沃、排水良好、富含有機質的沙壤。酒瓶蘭繁殖可用播種和扦插法，種子多從國外引進，扦插可於春季選擇母株上自然萌生的側枝作

花卉專家門診

插穗，切取後稍加攤晾，待切口收乾後插入沙床中，維持 20～25℃的適溫，2～3 個月即可生根，但扦插苗不易形成肥碩的酒瓶狀干基。

在栽培管理上應重視以下幾個方面：

(1)溫度：生長適溫為 16～28℃，儘管有一定的抗寒能力，0℃以上的室溫即可勉強過冬，但最好能保持 10℃左右的室溫，可使其在嚴冬季節也能繼續保持蔥綠的葉色。夏季氣溫在30℃以上時，應適當遮蔭，以避免葉片發黃、葉尖發枯。若是長期將其擱放於光照不足的環境中，易導致植株莖幹纖細、葉片變得軟弱無力。一般情況下，春秋兩季宜接受全光照，夏季適當給予遮蔭，冬天則應擱放於光線充足的窗前。它的小苗要求有一個半陰的環境。

(2)水分：因其膨大的莖幹內貯存有一定數量的水分，因而也就具有較強的耐旱性，宜掌握「寧乾勿濕」的原則，避免盆土過濕或盆土積水造成植株爛根。

(3)土壤：因其鬚根發達，要求栽培用土疏鬆，通常可用腐葉土 4 份、園土 4 份、粗沙 2 份，外加少量漚製過的餅肥末，忌用黏重的土壤。可每月鬆土 1 次，每年翻盆 1 次。

181 如何使四季秋海棠安全度夏？

四季秋海棠喜溫暖、濕潤和半陰的環境，不耐寒，生長適宜的溫度為 20℃左右，低於是 10℃則生長緩慢。夏季怕暑熱，冬季怕低溫，生長適溫為 18～22℃；既不能暴曬，也不能完全蔽蔭，否則就會大量落葉、黃葉或焦邊，降低觀賞價值，影響正常生長和開花。夏季養護是養好四季秋海棠的關鍵，應注意

做好遮蔭、通風、降溫等工作。

(1)遮蔭：6月下旬至8月下旬天氣炎熱，日照強烈，此時最好將花盆放置室內或陰面陽臺通風良好並有散射光處養護，防止強光直射。在此期間若受到強光照射，葉片易捲縮並出現焦斑、黃葉，故夏季必須注意遮光，但遮光程度又不能過大，因為環境過於蔭蔽，光照不足，光合作用難以進行，易造成植株生長細弱，花色淺淡或很少開花。

(2)澆水：夏季澆水一定要適量，以保持盆土稍濕潤為宜。因為四季秋海棠怕盆土積水，若澆水過多，盆土長期過度潮濕，易引起爛根落葉，同時植株生長不良，葉色由碧綠變為黃白色且缺乏光澤。但如澆水過少，盆土過乾，也易引起葉黃萎蔫，影響開花。夏天澆水宜在早晨8時前進行，同時經常向葉面上噴水和向地面上灑水，可起到降溫增濕作用。

(3)施肥：夏季四季秋海棠正處於半休眠狀態，此時若繼續施肥，特別是施濃肥，易造成爛根和黃葉，因此應停止施肥。進入秋季，天氣轉涼，陽光漸弱，此時是四季秋海棠又一個旺盛生長期，應將其置半陰處並加強水肥管理，保持盆土濕潤，每隔7～10天施1次稀薄液肥。這樣就會葉綠花繁。

182 秋海棠爲什麼會大量落葉？

秋海棠的種類豐富，常見的有竹節秋海棠、銀星秋海棠、蟆葉秋海棠、楓葉秋海棠等，它們既能觀花，又能觀葉，是家庭花卉的常見品種。秋海棠雖屬多年生宿根花卉，但比較難養，既不耐濕，又不耐旱；夏季怕熱，冬季怕冷；不能暴曬，又不能完全遮蔭。

冬季應當使秋海棠充分見光，澆水要少，室溫不可低於 10℃；盛夏可放在室內的門窗附近，加強通風，春秋兩季少施一些薄肥。秋海棠葉片的壽命不到一年，枝條中部和下部的老葉脫落是正常的現象，如不進行修剪，葉腋部分很難萌發新葉，這也是造成光桿的原因之一。

修剪還能促進多發側枝，使盆株豐滿並增加著花部位。對株型較大的秋海棠，如竹節秋海棠、銀星秋海棠，應注意及時設立支架，以防倒伏。

 183 怎樣使蟆葉秋海棠色彩豔麗？

蟆葉秋海棠葉片茂密，花色淡雅，色彩華麗，且具金屬光澤，株型矮小，是家庭擺設的一種極好的小型觀葉植物。

蟆葉秋海棠原產印度，喜溫暖、濕潤、半陰及空氣濕度大的環境，忌強光直射。既不耐高溫也不耐寒。故夏季陽光強時需遮蔭，降溫。生長適溫為 20～25℃，冬季宜置於室溫在 10℃以上的室內培養。乾旱季節需每天向花盆周圍地面灑水 2～3次，提高空氣濕度。若能給它提供一個涼爽濕潤的環境，則能長得枝繁葉茂。

每年早春宜換盆一次，換盆時除去腐爛根及部分舊土。增加新的培養土。生長季節澆水不能過多，應見乾見濕，以免爛根爛莖。切忌向葉面噴不潔的水，否則易產生病斑。

冬季應將盆花移至朝南房間的向陽處。室溫應保持在 12℃以上，夜間罩上塑料薄膜保溫保濕，隔 5～7 天用溫水清洗一次葉片，以保持葉片清新艷麗。

184 文竹焦尖是什麼原因引起的？

文竹性喜溫暖、濕潤、半陰的環境，要保持文竹的優美形態。關鍵在於節制水肥，應視濕度大小酌情澆水。文竹對水分的吸收、輸送緩慢，不耐水澇，若遇乾熱空氣或太陽直射，往往會使幼嫩枝梢裡的水分迅速蒸騰，而根部卻不能及時補充，以致造成文竹葉面變黃或葉梢乾枯，因此，夏季要避免陽光直射，置於陰涼通風處，要經常對其葉面及植株周圍噴霧，以調節空氣濕度和溫度，同時保持盆土濕潤。

要防止文竹葉面變黃，首先應注意噴水，為文竹創造一個濕潤的環境。噴水的時候不僅噴枝幹和盆土。最好周圍地面也噴一下。其次應及時澆水而保持土壤的濕潤，防止因缺水乾尖。但一定要掌握在盆土表面現乾時再澆，不要連續澆水過多。否則土壤過於潮濕，又會引起積水爛根。第三要注意適當遮蔭。文竹在家庭中最好放置在半陰處為宜。在夏季要避免陽光的直射。如果無遮蔭條件，可在上午 9 時前和下午 4 時後趁陽光斜射、光線比較弱時移出室外，其他時間放在室內。

185 如何更新老文竹？

家庭栽植的文竹多種在小型花盆內，陳設於案頭或茶幾上觀賞。為了保持文竹纖小輕盈的造型，要求用盆要小，上土要少，不要追肥，這樣可以在 2 年內保持株型不變。但 2 年後，文竹會從根部抽出蔓狀枝條，一般要 60 公分以上才能展葉，有的家庭可以搭設小型棚架，但大多數家庭沒有此條件，因此為

花卉專家問診

防止文竹枝蔓生長擁擠、老葉發黃等現象，可用更新的方法處理。

更新老株時，首先要把株叢的上半部分剪掉，有支架要拆除，從基部疏掉部分過密的枝條，然後把留下來的枝條自盆面30公分左右處進行短截，中間的枝條可以稍微留高一些。

如果在秋季進行更新，來年可以從盆中抽生新的枝蔓，當新的枝蔓長長並展葉後，可以把原來的老枝全部剪除，這樣一來，文竹整個更新過程就完成了。

186 碩壯茂盛的地栽文竹為何不結籽？

壯茂盛的地栽文竹大叢植株不結種子，主要有以下原因：

①植株營養失衡，氮肥過多，磷鉀肥偏少；用於採種的文竹母株，應控制氮肥用量，增施磷鉀肥，為其孕蕾開花提供充裕的營養物質。

②栽培場所不理想，或光線不佳，或通風不良，或過於乾熱，都會影響到花芽的形成；應將其栽種於通風良好，能見到較好散射光的深厚土壤中，搭好支架，使其攀援性莖蔓有所依托，以利於將其培養成可開花結籽的主蔓。

③6～7月份氣溫超過30℃，花芽形成受到抑制。可採取通風、噴水、遮蔭等措施，為其創造一個比較涼爽的小環境。

④澆水過多或過少，影響植株的正常生育和開花結籽。

187 文竹播種後為何不發芽？

文竹種子播後不發芽，有以下幾個方面的原因：

①種粒尚未成熟就採摘，播後難以發芽，一般應待其種實外皮呈紫黑色變軟時再採收，並及時搓洗去外皮，漂浮去空癟的種粒。

②播種前種子未經浸泡 24 小時處理或播種盆土過乾，種子也很難發芽。

③播種室溫過低，在 10℃ 以下不易發芽。

④盆土過濕、過黏，種子裂口露白後發生腐爛。

⑤陳舊的種子本身早已喪失了生命力。

188 如何解決非洲紫羅蘭葉片瘦小無光澤？

非洲紫羅蘭對溫度要求十分嚴格，其生長開花適溫為 15～25℃，低於 15℃，生長極緩慢；冬季在 10℃ 以上方可安全越冬。不耐夏季高溫，27℃ 以上即生長不良，或只長葉不開花。

澆水時由於室內水分蒸發量小，故應隔幾日待表土較乾時再澆水，千萬不能天天澆，以免爛根，也不能將水澆在葉片上而導致爛葉。水的溫度很重要，水溫與氣溫不能相差 5℃，否則葉片上容易發生黃斑。

非洲紫羅蘭出現葉無光澤而呈綠褐色，主要是由於空氣濕度不足引起的，可以向盆周圍噴水，或在水盆中放幾顆卵石，將小花盆架放在上面，不與盤中的水接觸。這樣，隨著盤中水緩慢蒸發，基本可滿足植株對濕度的要求。如果環境溫度過高，會出現葉片徒長、不抽花葶的現象，可把非洲紫羅蘭移入涼爽處，白天保持 18～24℃，夜間保持 18℃ 左右的溫度，並加強通風透氣。

非洲紫羅蘭在肥力不足，會出現花、葉瘦小的現象，應每

10天追施一次液肥；而肥力過盛，葉片向下反捲，呈墨綠色，可加大澆水量，暫停施肥。

葉小花少或開花不良，主要是由於光照不足引起的，應移至陽光充足的地方。光照過強，會使整個植株發白失色，應放在樹陰或陰棚下養護。秋末冬初氣溫突然下降，會引起非洲紫羅蘭提早脫葉落花，應立即移至室內防寒保溫。冷水澆花也會引起葉面出現褐斑，應將水晾曬一天後再澆。

189 變葉木落葉如何處理？

變葉木在溫濕不宜的情況下常有落葉現象，培養了3～4年以後，基乾下部的老葉也往往褪色脫落，新生葉片聚於幹枝頂端，不僅有礙觀賞，而且極易造成植株死亡。為防止變葉木落葉，應注意以下幾點：

(1)溫度要適宜：變葉木適宜疏鬆、肥沃、透氣性好的酸性土壤，喜熱但又怕強光暴曬，適合在溫暖、光照充足、20～30℃的濕潤環境中生長，極不耐寒；家庭蒔養要注意保持室內溫暖、濕潤，夏季放置在通風遮蔭處，冬季置於向陽處。若冬季室溫低於15℃，即會引起落葉；溫度再低，植株就會死亡，幼株更容易受凍。夏季應置於通風良好的陽光處。

(2)供水要及時：變葉木因葉片多、蒸騰量大，故需水量也大，切忌乾旱。在生長旺季（4～9月）更應澆水充足，澆水應一次澆透，平時每天最好在葉面上噴灑1～2次清水，既可清除葉面灰塵，又能提高觀葉效果。冬季澆水量可適當減少，以免引起爛根，導致葉片枯黃脫落。

(3)調節光照：變葉木喜光，但忌強光直射所以夏季應適當

避光。以保持葉色亮麗。否則葉片會失去光澤，還會脫落。但如果長期光照不足，葉芽便聚於幹枝頂端，下部葉片就會變黃脫落。

190 吊蘭葉尖爲何枯萎發黑？

盆栽吊蘭出現葉尖枯萎發黑現象，從栽培角度分析，可能有以下幾個方面的原因：

①空氣乾燥、太陽過烈、溫度過高。這種情況主要發生在夏秋時節，因為吊蘭喜生長於空氣濕潤及半陰的環境中，一旦空氣過於乾燥，陽光又無遮無攔，若再加上氣溫高達30℃以上，極易造成吊蘭植株葉尖枯萎。如果是這種情況，可將植株搬放於半陰的環境中，剪去枯葉，經常給葉面及環境噴水，新抽生的葉子可恢復到正常的狀態。

②盆土積水、肉質根腐爛。由於盆土板結或過於黏重，或澆水過頻、過多等原因，造成了吊蘭肉質根的腐爛，這樣根系吸收水分的能力將大幅度下降，也會導致吊蘭葉尖先端發黑，邊緣內曲。如果是這種情形，可將植株從花盆中脫出，抖去部分宿土後，剪去已腐爛的根系部分，換上乾淨的濕沙栽種，保持沙粒濕潤，注意不能過多噴水，待催生出白嫩的細鬚根後，再重新更換肥沃的培養土栽種。

③長時間未給予換盆，致使根尖生長直抵盆壁，在高溫高旱或天氣寒冷的環境中，很容易造成根系先端萎縮壞死而使其喪失應有的吸收功能，從而導致葉尖乾枯萎縮。如果是這種情形，可先將植株從花盆中倒出，剪去已枯死的葉片或葉片的壞死部分，再挑去一部分舊土，剪去一些老化或壞死的根系，重

新換用新鮮的培養土栽好，將其擱放於涼爽、濕潤、半陰的環境中，注意多噴水、少澆水，植株新抽的嫩葉即可恢復正常。

191 腎蕨的地下塊莖有什麼作用？

腎蕨因其地下莖上附生有變態的呈腎圓形且長有鑽形鱗片的塊莖（又稱球莖）而得名。這種塊莖狀似小個的馬鈴薯，直徑在 0.5～2.0 公分之間，外呈褐黃色。在腎蕨換盆分株時，千萬不可將其地下塊莖隨手丟棄。應將其稍帶須剪下，選用新鮮的腐葉土栽種，可形成叢生植株。

192 鹿角蕨的蒔養要訣是什麼？

鹿角蕨是典型的附生蕨類植物，可貼附在樹幹上生長。亦可栽培於吊盆或吊籃中。為使其附貼於樹幹上，通常用細鐵絲或棕線將植株固定在樹皮的木段或木片上。作吊盆或吊籃栽培時，先在吊盆、吊籃底部鋪墊棕片，然後裝入等量腐殖土和苔蘚混合制成的栽培基質。栽培後置於半陰環境，待植株恢復生長後再置於有散射光處。每週將植株連盆浸在水中 1 次，並在水中加入少量肥料。

鹿角蕨的生長適溫為 20～25℃，冬季不能低於 10℃，空氣濕度要求 50%～60%。生長旺季需要多澆水，並經常向葉面上噴水，以保持較高的空氣濕度。冬季不可過度潮濕，不可向營養葉內噴水而導致腐爛。冬季室溫過高會遭受蚧殼蟲為害。

為利於孢子更好地生長發育，最好每月施 1～2 次稀薄餅肥水或氮、鉀混合花肥。每隔一年在盆中添加適量腐葉土或苔

蘚，可使植株生長更旺。

193 如何使腎蕨常年翠綠？

腎蕨葉色鮮綠，又很耐蔭，是理想的插花配材。要使腎蕨常年鮮綠，需注意以下幾方面：

(1)適宜的光照：腎蕨喜歡明亮的散射光，忌強光直射，春、夏、秋三季均可放在室內北面窗邊養護，並注意通風，但也不能過於蔭蔽，否則羽葉會脫落。

(2)適量澆水施肥：腎蕨喜溫暖濕潤及半陰的環境，不耐旱，盆土要經常地保持濕潤，但不能積水，積水會引起葉片枯黃脫落和爛根，每天向葉面及盆體周圍噴清水 2～3 次，增加空氣濕度，保持葉片翠綠。生長旺季一般每半個月左右施 1 次稀薄腐熟餅肥水或復合化肥，並隨時剪除枯葉，保持株形整潔，葉色碧綠。

(3)選擇合適的培養土：腎蕨喜排水通暢、富含腐殖質的疏鬆肥沃土壤，盆栽腎蕨常用腐殖土或泥炭土加 1／3 珍珠和少量河沙及基肥配成的營養土。由於腎蕨生長健壯，根系發達，需每隔 1～2 年於春季結合分株換一次盆。換盆時要剪掉枯根和部分老葉。

194 鐵線蕨、鳥巢蕨的葉片爲什麼容易焦邊？

鐵線蕨屬陰性植物，但生長季節仍需要一定的光照，在室內養護的時候，應將其放在南向窗戶旁，使其能得到散射光或短暫的直射光。如果放在陽臺上培育，在日照強烈的時候特別

是夏季要注意遮蔭，遮去 50%～60%的陽光，否則光線過強，會造成葉片的焦邊。

在鐵線蕨的日常管理中應注意水分的供應，特別是夏季一定要保持小環境的高濕度，以使其正常地生長。冬季室內的空氣較乾燥，要注意向鐵線蕨的葉面澆水，也可用塑料袋罩住植株，以保持濕度，這樣才能保證鐵線蕨的葉片不會焦邊。

發生焦邊的葉片要及時剪除，以保持植株清新美觀。葉叢過密時，可適當修剪，以保持株形的優美和長勢的良好。

導致鳥巢蕨孢子葉焦邊的原因有：溫度過低，強光直曬，盆土貧瘠，空氣乾燥等。如何防止其葉片發生不正常的焦邊：

①要保證冬季有 15℃以上的棚室溫度；

②從仲春至中秋要避免強光直射；

③盆栽植株要及時追肥；

④應經常給植株噴水以提高空氣濕度。

195 2 年未翻盆的東方紫金牛植株下部葉片為何黃落？

栽培 2 年的東方紫金牛，植株的中下部葉片出現發黃枯落現象，主要有兩個方面的原因：

①根部已盤結滿盆，盆土不能有效持水，甚至有大量的鬚根已從底部的排水孔中伸出，即便是每天澆水 1～2 次，由於根系盤結、盆土有限，澆下的水很快從盆壁四周滲出，盆土中不能持水，溫度升高或太陽一曬，必然導致新梢萎蔫，中下部老葉發黃枯落，時間一長會嚴重影響到植株的生長，必須立即進行翻盆換土。

②空氣乾燥。由於根部不能有效吸收水分供給葉片蒸騰，

盆土不能持水也必然導致植株周圍沒有與之相適應的相對空氣濕度，即便是秋冬季擺放在室內，也會導致其嫩梢萎蔫、老葉發黃。若是在炎熱的夏季，植株萎蔫狀況會更為嚴重：為此，在對植株進行翻盆換土的同時，還必須給予葉面及周圍環境噴水，為其創造一個比較濕潤的小環境，使之能保持旺盛的長勢和良好的觀賞狀態。

196 冬季擺放於室內的金錢樹為何葉緣褐焦？

冬季擺放於室內的盆栽金錢樹，葉片邊緣發褐枯焦的原因主要有三個方面：一是室溫過低，二是空氣乾燥，三是盆土偏乾。

金錢樹，原產非洲東部，為多年生常綠草本植物，性喜溫暖濕潤、半陰及年均氣溫變化小的環境；畏寒冷、怕乾熱，忌強光暴曬；盆栽以疏鬆、肥沃、排水良好、富含有機質的微酸性沙壤土好。其生長適溫為 20～25℃，冬季若室溫低於 6～8℃，其葉緣就很有可能出現變褐枯焦現象，而長江流域及其以北地區，如室內沒有加溫供暖設備，一般室溫低於 3℃。為此，如果室內擺放有金錢樹，冬天最好在室內安裝一個可控溫在 10℃ 左右的取暖器，特別是凌晨 5～6 點鐘，為一天中氣溫最低的時間段，更應打開電熱器取暖。

如果室內空氣太乾燥，可利用正午前後葉面噴霧和地面灑水來增加室內的空氣濕度。冬季給盆土澆水，應於中午前後用與室溫相近的溫水澆灌，注意若室溫不高於 10℃，以保持盆土偏乾為好，否則在 6～7℃ 的條件下，盆土中水分過多，易招致植株爛根，甚至導致全株死亡。

197　金錢樹扦插為何不易生根成活？

金錢樹扦插不易生根成活的原因，主要是未能掌握切實可行的扦插方法。

扦插宜於 4～5 月或 9～10 月間，氣溫在 20～25℃ 左右時。將金錢樹大型羽狀復葉切成短穗，每穗 1～2 個葉片，插入素沙與蛭石對半摻和的基質中，深度約為穗長的 1／3，只留葉片於基質外，噴透水後將其置於蔽蔭處。視溫度的高低和基質的乾濕狀況，每天給葉面噴水 1～2 次，以保持扦插基質潮潤為好，切不可過分潮濕，否則易導致其插穗腐爛；為了減少噴水的次數，也可採用蒙罩塑料薄膜保濕的方法。

20～30 天後，插穗基部即可形成癒合組織並分化出根系，以後緩慢形成膨大的塊莖。8～10 個月後，方可在塊莖上萌芽抽生羽狀復葉。若用 100 毫克／升的吲哚丁酸或 1 號 ABT 生根粉藥液，浸泡處理插穗基部 3～5 秒鐘，可促進生根，且有利於不定芽的形成。單個葉片扦插於蛭石中，約過 10～14 天，在葉柄基部即可形成帶肉質根的小球狀莖，此後球狀莖不斷膨大，並在球莖上長出潛伏芽，再經 2～3 個月的培養，維持 25～30℃ 的環境溫度，即可抽生羽狀葉長成小植株。

198　琴葉榕莖幹基部葉片落光了怎麼辦？

由於光照不足、溫度太低、乾旱缺水等原因，易造成琴葉榕植株基部葉片脫落形成難看的「光腳現象」，使其不能再作室內陳列觀賞。對於這樣的植株，只要其尚未枯死，宜在春回

個案篇

氣暖後，實施翻盆換土的同時，將莖幹從基部 10～15 公分處截斷，借以打破其頂端優勢，促使剪口下的隱芽萌發新枝，可很快形成低矮豐滿的株形。剪下的莖幹，可截成長 15 公分左右的穗段，用作扦插繁殖育苗的插穗。

199 怎樣矮化栽培冷水花？

冷水花植株長高後，株形披散，下部葉片脫落，會失去應有的觀賞價值。為了降低冷水花植株的高度，可用 5 毫克／升的多效唑水溶液進行處理，一次性配製好裝入棕色玻璃瓶中，隨澆隨取，可促成植株明顯矮化、節間縮短、葉片層疊，株高僅 7～10 公分，只有不處理高度的 1／4 左右，且葉色濃綠、白斑耀眼。

200 西瓜皮椒草上的美麗花紋爲何不見了？

西瓜皮椒草葉片上的斑紋隱退主要是因為栽培管理不得法所導致，為此在栽培的西瓜皮椒草時，應特別注意以下幾個方面：

①維持適當的生長溫度，一般可控制在 20～28℃。

②為其創造一個有較好散射光且通風良好的半陰環境，避免強光直射葉面。

③盆土維持不乾不濕，葉面經常給予噴水，為其經營一個適當的濕潤小環境。

④增施磷鉀肥，控制氮肥的使用量。

花卉專家問診

201 怎樣延長綠元寶碩壯子葉的觀賞時間？

綠元寶，又名澳州栗，為蝶形花科栗豆樹屬的觀賞植物，其早期觀賞部位主要為一年生或二年生實生苗基部碩大的「子葉」。為延長其子葉的觀賞期，擬採取如下措施：

①將植株擱放 7～20℃的半陰環境中，抑制其生長；

②不要將臟水或有機肥液濺污其碩大肥厚之子葉，以免引起腐爛。

202 怎樣提高舞草播種育苗的發芽率？

採用常規的方法播種繁育舞草，其種子不僅發芽時間長，而且發芽率也非常低，究其原因是種子處理和催芽、播種方法不當。

(1)種子處理：因其種粒外被有一層較厚的蠟質，會阻礙水分的滲入，為此在播種前必須進行處理，若不經處理，播後 3 個月種子也難以發芽。可於 3～4 月間，用砂紙或細沙進行摩擦，去除蠟質。

(2)浸泡催芽：因其種子皮層含有抑制發芽的特殊物質，必須進行催芽降解處理。可將經打磨處理過的種子，用沙布袋裝好，放入 40℃的溫水中浸泡，最好用保溫瓶盛放 2 天，中間換水 4 次，便可取出攤晾後供播種。

(3)播種育苗：用一只不漏氣的塑料袋，放入疏鬆細碎的濕潤培養土，把種子均勻撒上，再在種子上面覆一層薄薄的細土，然後向袋中吹氣，使塑料袋鼓起後再紮好袋口；每天打開

袋口數十分鐘，給予通風透氣。生產性栽培，可實行床播，架設竹弓蒙罩塑料薄膜保濕。種子發芽適溫為 20～28℃，7 天即有小苗出土，20 天後就有 90%的種粒出苗，小苗出土後 5～7 天開始移栽。

203 紫葉酢漿草冬季葉片全部枯萎了怎麼辦？

紫葉酢漿草在冬季溫度低於 0℃ 時，地上部分會全部枯死，但只要其地下的塊莖和小鱗莖尚未受凍壞死，來年春天可重新萌發。根據華中地區栽培的經驗，露地栽培，即便是冬季經受 7～10℃ 的低溫，其地下塊莖也不會被凍死，到了來年春回氣暖後，可再重新萌發。

204 華灰莉木冬季為何出現新梢像開水燙過一樣的慘狀？

華灰莉木，即南方人俗稱的「非洲茉莉」。其實它不產於非洲，而是原產於我國西南地區，東南亞等國亦有分布。

冬季擺放在室內的華灰莉木盆栽植株，出現葉片像被開水燙過一般的慘狀，主要是室溫過低所導致。它的生長適溫，為 18～30℃，北方地區盆栽則要求冬季溫度不低於 5℃，否則，幼嫩的新梢就有可能遭冷害；若氣溫降至 0～-2℃ 以下，由於其新梢和嫩葉多呈肉質，含有較高的水分，特別是當氣溫低於 0℃ 以後，易導致其幼嫩組織內的水分結冰，第二天氣溫回升後，組織內結冰的水解凍，冷脹熱縮，必然導致其葉片像被開水燙熟了一般，並且是一種不可逆轉的生理性病害。

為了使其能安全過冬，中秋後要控制澆水，促使其新梢及

早木質化；適當增施磷鉀肥，增加植株的抗寒性；用電熱取暖器、電熱線、空調給室內加溫，確保其在一天中最冷的凌晨前後（早上5點左右）室溫不低於5℃；也可於寒潮襲來時用雙層塑料袋將植株套罩住，使其能順利過冬。

205 鳳梨花開敗了怎麼辦？

鳳梨的蓮座狀葉筒為獨特之貯水「容器」，葉筒內若缺水就會影響到其正常生長，人們戲稱之為「水罐」植物。

對於從葉筒中心抽生出的花序，在其將近開敗時，應及時將其剪去，這樣可促使其在基部萌生側芽，待其形成帶根子株後再行剝離分栽。一般盆栽植株可反覆利用3次，母株萎蔫後要及時進行更新。鳳梨中有一種非常漂亮的艷鳳梨，其花莛頂端著生有類似菠蘿果的葉狀苞片叢，可剪下扦插於沙床中，維持27～30℃的室溫，生根較快，待其發根較多後再行移植。

一般情況下，鳳梨的花序開敗被剪去後，不能再從葉叢中重抽花序，只有從植株基部萌生蘗芽形成子株。果子蔓、五彩鳳梨、黃苞鳳梨均是如此。

北方地區怎樣種養鳳梨呢？鳳梨類大多原產於南美洲，喜溫暖濕潤和陽光充足的環境，不耐寒，較耐陰，怕強光暴曬，有明亮散射光對其生長最為有利。生長適溫3～9月為22～28℃，9月至翌年3月為16～22℃，冬季室溫不得低於8～10℃，即便是比較耐寒的五彩鳳梨，也應不低於5℃。

盆栽用土要求疏鬆肥沃、富含有機質。盆栽植株在生長期內要保持盆土濕潤，其蓮座狀葉筒內不可缺水，每月要進行一次傾倒換水，以保持水質清潔；每半月追施一次氮、磷、鉀均

個案篇

衡的稀薄液肥，如 0.1% 的尿素加 0.1% 的磷酸二氫鉀混合液，既可澆施於根部，也可直接澆灌於葉筒中。

值得注意的是，它的根系很不發達，營養鬚根較少，栽培時最好在培養土中增加一些樹皮纖維等，使其能保持較好的透氣濾水性，以防植株發生爛根。

206 為什麼要在鳳梨葉筒中注水？

很多鳳梨都是附生植物，其根系主要起固定和支持作用。因其葉片排列成蓮座狀，基部相互包疊耦合形成杯狀的葉筒（又稱葉槽），在葉筒內分布有許多細微的吸收器官——吸收鱗片，這樣葉筒不僅可用於降雨時貯存水分，同時也可以接納落入的葉片、昆蟲及動物的排泄物，從而在其生長發育過程中，不斷地吸收自身生長發育所必需的水和養分。

所以在生長季節澆水時，應將其葉筒注滿，施無機肥時除澆入盆土外，還需噴灑些在葉片上和葉筒內。

207 家庭種養粉菠蘿怎樣才能株壯花碩？

粉菠蘿在家庭蒔養條件下，往往葉片不挺拔、花序顯得長瘦，究其原因主要是未能掌握其習性，進而採取與之相適應的栽培養護措施。

粉菠蘿屬鳳梨科光萼荷屬，又名蜻蜓鳳梨。原產巴西東南部，為近年國內外非常流行的觀葉植物之一。其葉叢呈蓮座狀，排列緊密，基部呈葉筒狀，可以貯水；葉片革質，被有蠟質粉白色鱗片，因此得名。

它性喜溫暖、通風良好和光照充足的環境，不耐寒，但耐陰，耐乾旱，特別忌積水。生長適溫為 18～25℃，開花期間溫度應不低於 15℃，越冬溫度至少不低於 5℃；當氣溫低於 15℃以後，其葉筒內不宜有水；栽培以疏鬆肥沃、排水良水、富含有機質的粗糙腐葉土為最佳。

粉菠蘿通常於花後用分株法繁殖。當碩大的花序枯萎後，分割母株兩側高約 10 公分的蘗芽，如蘗芽無根或少根時，可先將其插於沙床中，待其生根後再進行盆栽。

家庭盆栽，可用腐葉土或泥炭土，內加 25% 的粗沙。生長季節每半月澆施一次稀薄液態肥；生長旺盛時期和開花期，在葉筒內注滿水，並定期換水，以免貯水腐敗散發出異味；注意向葉面噴水，增加環境空氣濕度；盛夏時適當給予遮陰，避免強光灼傷葉片；花後及冬季休眠期，盆土要保持稍乾燥。

若想使植株提前開花，可用塑料袋罩住植株，內放 1～2 個成熟蘋果，利用其釋放出的催熟氣體，可促成植株提前開花。

208 芍藥播種為何難發芽？

芍藥播種發芽難，主要是未能掌握好芍藥種子有效的播種育苗方法。

芍藥的果實於 8～9 月間成熟，每枚果實中有種子 1～5 粒，種子黑色至黑褐色，呈圓球形至長圓形。種子一經成熟採收後，要隨採隨播，播種越遲發芽率越低。播種地宜選擇背風向陽、排水良好、富含腐殖質的沙壤土圃地。播種前結合施基肥進行翻耕作床，每畝可用復合肥 100～150 千克。先深翻土壤 20 公分以上，然後再耕耙 3～4 遍，方可起溝作床。條播行距

40 公分，播種溝深 6～7 公分，種粒間距 3～4 公分，播後覆土。穴播：穴距 20～30 公分，每穴播種 4～5 粒。播種後種子當年秋季生根，次年春暖後新芽出土。

一年生苗高約 3～4 公分，只長 1～2 片葉子，根長 10～14 公分，根粗 1.4～1.6 公分,並有明顯的細根 6～8 條，根頸處著生有頂芽 2 個。一般情況下，8 月下旬至 9 月上旬可行移栽。發育良好的實生苗植株，4～5 年就可開花。

芍藥在少量進行播種育苗時，可於種子成熟後採收種粒，直接播種於盛有肥土的花盆中，種粒間距 4～5 公分不可播的太密，覆土 3～4 公分，保持盆土濕潤但不積水，冬季盆內不結冰，管理方法同大田育苗。

209 如何正常給芍藥疏蕾？

①疏蕾時間應選擇在晴天的上午，以利於傷口的癒合，減少傷口可能造成的感染。

②剝蕾時要用利刀，並小心操作，不要傷及主蕾葉片。

③疏蕾分兩次進行，第一次在主蕾直徑長至 1 公分時，先將主蕾和離主蕾最近的一個側蕾留住，萬一主蕾受傷可作替補；第二次在主蕾長至直徑 2 公分時進行，可將預留的側蕾剝去，同時設立支柱防止因花蕾碩大而出現倒伏或風折。透過剝蕾，可促成芍藥植株開花碩大。

210 為什麼芍藥不能在春分前後進行分株？

因為春分時節，氣溫逐步回升，地上部分的芽很快就要萌

動生長，這時因分栽而受傷的肉質塊根傷口尚未癒合，不能充分供應地上部分生長所需要的水和養分，只有不斷消耗原先塊根體內儲存的營養物質，必然導致植株生長衰弱，地上部分枝葉枯焦，甚至難以成活；又因為地溫升高，土居菌類活動加劇，會嚴重侵害肉質塊根的斷面傷口，使創口處逐漸向下腐爛，根本沒有癒合的希望。由於以上兩個方面的原因，「春分」前後分栽芍藥，不僅嚴重影響當年的生長和開花，而且還會影響到以後數年的生長與開花，甚至導致其死亡。所以，芍藥分株最好在 9～10 月間。

211 插種的乳茄不結果是何原因？

乳茄，又名牛頭茄、牛角茄、五指茄，因為掛果有大有小、有綠有黃，故又名五代同堂果。它為原產中美洲等地的茄科灌木型草本植物，可作一至三年生栽培。若 4 月播種，到 8 月底尚未結果，其原因：一是有效積溫不夠；二是未能及時打頭控梢，營養生長過旺，抑制了開花結果；三是氮肥過多，缺少磷、鉀等開花、結果必需的養分。

若植株出現常開花不結果現象，為高溫乾燥天氣所致，多因花粉囊不裂開、授粉不良所造成，因此，夏季溫度偏低反而有利於其結果。

華中地區地栽的乳茄，高達 1.5～2 公尺後始開花結果，時間已在 9 月底、10 月初，8 月份以前開的花不易坐果。

乳茄的生長適溫為 15～25℃，耐高溫，較耐寒冷，成苗能耐 3～4℃的低溫，最佳掛果溫度為 20～35℃，但在夏天能忍受 40～42℃的極端高溫。華南地區略加保護即可露地越冬，而華

東、華中、華北地區冬天必須移入室內。盆栽宜用盆口直徑達30公分以上的大花盆。在南方的酸性土和北方的鹼性土上均能生長，但用排水良好、疏鬆肥沃的壤土栽培為佳。此外，地栽還應選擇前茬不是茄科植物的地塊栽種，盆土最好不要摻入有種植過茄料科植物的舊土，這樣能明顯減少病蟲害，有利於植株的正常生長。

為促使其能提前結果、結好果、多結果，栽培過程中應充分注意水肥等管理：南方3月播種，北方4月播種，有條件時可提前30～40天進行保溫育苗。播種深度0.3～0.4公分，苗床土壤濕潤，溫度保持20～30℃，8～10天即可出苗。當苗高達15公分時，帶土移栽，選用口徑30公分的大盆，每盆一株，地栽株行距為60公分×80公分。

春天苗期保持畦土半乾，半濕，不要澆水太勤，以免降低地溫，影響植株的生長。有條件時可於春季在土面加蓋地膜；借以增加地溫，促進根系生長。

夏、秋季開花結果時，不要缺水；每隔半月施一次濃度不高但富含氮磷鉀的漚透液態肥，可在餅肥液中加入適量的磷酸二氫鉀。當植株長至30～40公分高時，適當摘心2～3次，可促使其多發側枝、多掛果；盆栽保留3～4個枝杈，地栽保留5～6個枝杈，抹去多餘的腋芽和分枝。坐果後每枝保留果實1～3個，疏除過多的弱小果、殘次果。老株結果後必須強剪，方可使其重新萌生，其方法是自地面上20～30公分處剪去上部枝梢，並加強施肥，任其萌發新枝葉，如此壽命可延長1～3年。但必須於霜降後立即搬入室內光線較好的場所，維持不低於10～15℃的室溫，使其能平安過冬。

北方種養孔雀竹芋爲何生長不良？

北方地區種養孔雀竹芋生長不良，主要與土壤、氣候以及管理等因素有關。

孔雀竹芋為原產巴西的觀葉植物，株高 30～60 公分葉長 20～30 公分、寬約 10 公分，因其葉表具有密集的絲狀斑紋，從中心葉脈伸向葉緣，彷彿孔雀舒展的尾羽，因以得名。其葉片有特殊的「睡眠運動」，即在夜間它的葉片從葉鞘延至葉片，均向上呈抱莖狀地折疊起來，翌晨陽光照射後又重新展開。

孔雀竹芋喜溫暖濕潤和半陰環境，不耐寒。生長適溫為 18～25℃。超過 35℃對其生長不利；越冬雖處於半休眠狀態，但室溫不得低於 13～16℃，其他季節維持正常室溫即可。要求有較高的空氣濕度，最好能達到 70%～80%；忌空氣乾燥、盆土發乾，也忌盆土內積水，否則極易造成植株爛根。在室內養護期間經常用涼開水噴灑葉片效果不錯。

孔雀竹芋在夏、冬兩季的管理，應小心謹慎。夏季應給予 50% 的遮光，忌強光直射，否則很容易出現葉面灼傷；施肥可用漚透的稀薄餅肥液，生長季節每月一次；夏秋季節放在室內，要求有較高的空氣濕度，可在盆底置一淺碟，放入適量的清水後供蒸發保濕，最好放在靠窗邊；冬季則需溫暖、通風的環境，停止施肥，減少澆水，以維持盆土濕潤為度。

孔雀竹芋的繁殖主要用分株法。可結合春季換盆，待盆土稍乾時，將植株從花盆中脫出，輕輕抖去一些宿土，用利刀將植株間結合薄弱處的莖節切斷，以具有 2～4 個葉片的根莖為一

叢，使用新鮮肥沃的培養土進行栽種。

213 孔雀竹芋爲何葉片捲邊發黃？

孔雀竹芋葉片捲縮並伴有部分枯死、下部葉片枯黃的原因是澆水太少、濕度過低。盆栽竹芋應經常保持盆土濕潤，不能等到盆土發乾後再澆水。

孔雀竹芋原生於南美洲的熱帶雨林中，要求有一個非常濕潤的特殊環境，除必須保持盆土濕潤、不出現積水爛根現象外，還應維持周圍環境有較高的空氣濕度。爲此，夏季應將其擱放於半陰的場所，每天向葉面噴水 2～3 次，並向四周地面灑水，借以增濕降溫，促進植株的健壯生長。

另外，切忌盆上積水，也不能施生肥、濃肥、大肥，否則易造成營養鬚根腐爛，同樣會導致其葉片捲曲和發黃。

214 天鵝絨竹芋的葉片爲何容易捲曲變黃？

天鵝絨竹芋喜溫暖、濕潤和半陰環境，不耐寒，怕乾燥，忌強光暴曬。天鵝絨竹芋的生長適溫爲 18～25℃，冬季溫度低於 13℃，夏季溫度超過 35℃，都對天鵝絨竹芋的生長極爲不利，會造成莖葉生長停止或受凍死亡。越冬溫度爲 13℃ 以上，相對濕度最好保持在 70%～80%。若濕度不足或光照過強時，會使葉片捲曲變黃。

天鵝絨竹芋對水分的反應十分敏感。生長季節需充分澆水，保持盆土濕潤，若盆土乾燥葉片即捲起。但土壤過濕，會引起根部腐爛；甚至死亡，應特別注意。同時，空氣濕度小亦

花卉專家門診

會引起葉片捲曲，因此，室內栽培時空氣濕度必須保持在 70%
～80%。平時應向葉面及周圍環境噴水，以增加空氣的濕度，
對天鵝絨竹芋的葉片生長十分有利。冬季保持稍乾燥，過濕則
葉片易變黃枯萎。

天鵝絨竹芋喜低光照或半陰環境，但長期在室內低光照條
件下生長，植株柔弱，葉片失去特有的色彩。盛夏在強光下暴
曬片刻，即會出現葉片捲縮和變黃，葉片容易灼傷。

215 盆栽袖珍椰子應注意哪些問題？

袖珍椰子喜歡高溫多濕和半陰的環境，不耐乾旱和嚴寒，
故室內盆栽應擺放在具有明亮散射光處。最忌強光直射，即使
只受短時間暴曬，也會引起葉片焦枯，葉色變黃。但若長期置
於陰暗處，葉色也會變得暗淡無光。

生長季節供水應充足，保持盆土濕潤，夏季和乾燥時節還
需向葉面噴水，提高空氣濕度，秋冬季可每隔 2～3 天澆一次
水，保持盆土不乾即可。生長適溫為 20～28℃，冬季室溫不能
低於 10℃，否則會受凍害。

盆栽袖珍椰子的株高最好控制在 40～60 公分之間。因此施
肥不宜過多。一般苗期、春秋兩季施 3～4 次稀薄液肥即可。

由於其根系生長快速而又纖細，常會糾結在一起影響養分
的吸收，故 1～2 年需換盆 1 次，更新培養土，剪除糾纏的老
根。但剪根不宜過重，否則植株難以恢復生長。

216 盆栽紫鵝絨應注意什麼？

個案篇

紫鵝絨喜溫暖稍濕潤環境，宜散射光，怕強光暴曬，土壤以疏鬆、排水好的壤土為好，冬季溫度不低於10℃。

紫鵝絨常用扦插繁殖。每年5～9月，可剪取10公分長的頂端枝條，除去基部葉片，插於腐葉土中或直接盆栽，遮蔭並保持濕潤。插後15天可生根，1個月可供觀賞。

盆栽紫鵝絨，以腐葉土或培養土栽培為好。生長期盆土不宜太濕，澆水時注意不要向葉面灑水，否則絨毛溢留水滴會引起爛葉。夏、秋季盆土保持濕潤即行。植株生長過高時，應及時摘心修剪：盆栽紫鵝絨宜選擇散射光充足的地方放置以中等光照最好。夏季移到室外遮蔭養護，避免陽光直射。冬季室溫在10℃以上能夠安全越冬，如降至5℃左右會危害植株。

生長旺季要經常澆水，並保持潮濕的環境。施肥要合理，應防止植株徒長，株形不緊湊。生長期每月施肥1次，多施磷、鉀肥。花前摘心，花後修剪。在春夏開花時花朵散發出一種怪味，可將整個花序剪去。

217 如何栽培豆瓣綠？

豆瓣綠原產美洲熱帶地區，喜溫暖濕潤的半陰環境，畏高溫，忌強光，宜用疏鬆肥沃、排水通氣的土壤栽培。

可採用扦插或分株法繁殖。在春末夏初，剪取頂端健壯枝條約10公分長，帶3～4枚葉片，插入素沙中，保持濕潤，約3週後生根。若無地上莖的還可葉插，剪取長勢肥壯的葉片，帶上1～2公分長的葉柄，插入粗沙或蛭石中，在25℃左右的室溫下，40天後可萌生幼葉。分株宜在春秋兩季進行。

澆水要根據季節和天氣變化。見乾見濕。若盆內積水，則

會造成爛根。氣候乾燥或高溫天氣。宜每天往莖葉上噴水 1～2次。生長期間約 3～4 週施一次稀薄液肥。

豆瓣綠較耐陰，可放於室內有明亮散射光處培養。夏季要避免陽光直射。越冬室溫以 2～15℃為宜。

每隔 2 年進行一次短剪。可促其萌發新枝，使植株保持枝葉豐滿，葉色翠綠。

218 如何處理金脈單藥花的幾種生長不良現象？

金脈單藥花又名斑馬爵床。葉片黃綠相間，葉脈黃亮美麗，金黃色的花穗層層重疊。是一種花葉俱佳的室內觀賞植物。金脈單藥花喜歡高溫多濕及半陰環境，忌強光直射，不耐寒，宜疏鬆肥沃，排水良好的土壤。在家庭栽培中，由於養護不當，常會發生以下不良現象：

(1)脈紋消退：金脈單藥花喜光，但忌夏季陽光直射或露天暴曬，否則斑紋色澤消失，葉緣發焦，培育中應防止日照過強。

(2)植株徒長：金脈單藥花喜光又畏強光，但若光線太弱，則會造成植株徒長，葉色缺乏光澤。故應在春秋季將盆株擺放於室內南面附近或陽臺上養護。同時，要定期修剪或摘心，以控制植株高度，使其枝繁葉茂。

(3)落葉：金脈單藥花畏寒。生長適溫為 20～30℃，冬季室溫不能低於 5℃，否則會引起落葉甚至死亡。生長期要充分澆水，若盆土乾燥也會導致植株落葉。因其莖基部葉片常易脫落。盆栽時可用椒草、網紋草或小葉黃金葛等矮生植物種在周圍，以提高觀賞效果。

(4)葉色變黑：金脈單藥花應擺放於通風良好的半陰處，若通風不暢，則易生蚧殼蟲，影響呼吸和光合作用，導致葉色發黑。遇此情況應及時防治，並注意植株通風。

219 滿天星爲何不能繁花滿枝？

　　滿天星為千屈菜科的常綠小灌木，通常稱作細葉萼距花，或細葉雪茄花，原產墨西哥。葉對生，呈線狀披針形，甚細小；花腋生，紫紅色至桃紅色，全年開花不斷，後結實似雪茄狀。以觀葉為主，可配以淺藍色或乳黃色小塑料盆，非常雅致。近10年我國始有比較廣泛的引種栽培。滿天星開花少繁，主要與種養不得法有關。

　　滿天星性喜高溫，稍耐陰，不耐寒，生長適溫為22～30℃，冬季室溫應不低於5℃，否則易受寒害。喜疏鬆肥沃、排水良好的沙壤土，也比較耐貧瘠。常用扦插或播種法繁殖，扦插可於生長期中進行，極易成活。種子應及時分批採收，因其種子極細小，播種後需細心管理；在潮濕的環境下，有時種子落在盆土上能自然萌發成苗。北方地區盆栽，冬季最好擱放於10℃左右的室內。

　　滿天星生性粗放，管理較簡單。盆土宜排水良好，滯水、積水易導致植株爛根或死亡。除盛夏酷暑正午前後可適當遮光外，其他季節給予全光照。盆栽植株應經常摘心，促使其側枝萌發；生長期內每月施一次稀釋的有機肥液或低濃度的復合肥液；平常多噴水，適量澆水，保持盆土濕潤即可；每年春季出房前進行一次修剪整形，並在翻盆時施入充足的基肥，可促使其夏季多開花和延長花期。

在家庭栽培條件下，萬年青生長旺盛，但往往華而不實，或在花朵傳粉授精和果實成長過程中落花、落果，實在令人掃興。怎樣才能使萬年青長得葉叢蔥翠、花序碩大、漿果鮮紅呢，可從以下幾個方面入手：

（1）萬年青喜疏鬆肥沃的土壤條件。盆栽用土要求是富含有機質的沙壤土，每年應換盆一次，換盆時施入漚熟的餅肥渣作基肥；換盆時間可在 3～4 月春季抽發新葉前，維持盆土的 pH 值在 6～6.5 之間。

（2）萬年青喜濕潤，但不耐盆土黏重和積水，澆水不宜過勤，盆土不乾不澆，寧可偏乾，不可過濕。在陽臺上栽培萬年青。除必須保持盆土濕潤外，還應加強葉面噴水，但必須防止因盆土中積水而造成萬年青植株肉質根的腐爛。

（3）為了使其能開好花，應於 4 月底至 5 月初（即夏至前後），將植株基部的老葉摘去幾片。恰如花農諺所云：「四月八，萬年青削發」。這樣可使當年新葉抽生旺盛，新抽出的花序挺而有力，為開花結果創造有利的條件。

（4）從 4 月底開始，每隔 10 天追施一次腐熟的餅肥水，或雞鴨鴿糞水、魚鱗水等，內加適量的磷酸二氫鉀，即可促進葉片的生長，又可有利於其抽生花序和開花。

（5）萬年青開花時的管理至關重要，即開花時植株不得淋雨。5 月下旬至 6 月初，要將其擱放在陰涼通風不受雨淋的場所，切忌陽光直射和暴曬，否則很容易導致其花序萎蔫和花蕾發黑枯焦。當花序上開出密集的綠白色小花時，更要保持盆土

乾濕適中，切忌過乾或過濕，否則即便是坐果了，也會相繼脫落。

（6）開花時給予人工輔助授粉，促成異花授粉或異株授粉，可大大提高其坐果率。另據有關花卉專家介紹：要為其創造一個有蝸牛傳送花粉的環境，即將開花的植株擱放於樹蔭下的潮濕處，假借蝸牛的爬行傳送花粉，也可試一試。

（7）經過精心調護，盆栽萬年傳粉授精成功後，在其果實生長期間，還要加強水肥管理，避免陽光暴曬，每隔半月追施一次氮磷鉀均衡的速效液態肥，到了9～10月間，即可見到累累之果實。待其漿果由綠轉紅時，可更換高雅的瓷盆或紫砂盆，再搬到室內供陳列。

221 羽裂緣蔓綠絨為何「精神氣」不足？

在近年引進為數眾多的觀葉植物中，羽裂緣蔓綠絨，又名「小天使」、「千手觀音」，是最為引人注目的一種。它為天南星科喜林芋屬多年生直立常綠草本木植物。葉片長橢圓形，先端漸尖，基部心形，葉緣呈波狀，羽狀淺裂，側脈明顯，每一側脈直達羽裂尖端，故側脈數與羽裂數相等。葉面光滑濃綠，長15～20公分，寬10～12公分，葉柄長20～30公分，一側略有凹槽。

盆栽植株「精神氣」不足，與種養管理技術不到位有關。羽裂緣蔓綠絨原產於南美洲，性喜光照充足環境，但忌強光暴曬，可在半陰條件下正常生長。喜溫暖。生長適溫為20～25℃，夏季能抗38～40℃的高溫，但冬季溫度不得低於6℃要使其在冬季保持生長，室溫必須維持在15℃以上。栽培盆土必

花卉專家門診

須保持濕潤，尤其是夏季不能缺水。

　　繁殖可用分株法，於早春或秋冬時節，將植株從花盆中脫出，在植株的根莖部結合薄弱處分切開來，使每一部分都帶有一些根系，然後分開上盆。羽裂緣蔓綠絨株形俏麗，小巧玲瓏。株高僅 30～50 公分，其葉柄光潔圓潤，葉片又恰似一枚枚晶瑩碧透的綠色羽片，在微風中輕輕搖曳，非常惹人喜愛。玲瓏的植株若配以淺黃、淡藍、乳白色的塑料精致花盆，無論是放在陽臺上，還是放置於客廳、書房、臥室之案頭上，均能給人一種恬靜優雅的舒適感。與大型觀葉植物龜背竹、春羽相比，則更多幾分清秀娟麗。

　　羽裂緣蔓綠絨適應性較強，適於陽臺盆栽和長期作室內擺放。栽培羽裂緣蔓綠絨，宜用富含有機質且排水良好的沙壤土。春夏兩季，每天要澆一次水，特別是在高溫炎熱的夏季，還要經常給葉面噴水。秋季每 2～3 天澆水一次，冬季宜減少澆水量，但不能讓盆土乾燥開裂。除在培養土中加足基肥外，生長季節可每隔 15～20 天追肥一次，如漚熟的稀薄餅肥水，也可用 0.2% 的磷酸二氫鉀或尿素液噴施葉面。

　　冬季植株停止生長後則應停肥。春、夏、秋三季盆栽植株可直接放在陽臺上養護，但在夏季要避開正午的直射陽光和下午的西曬，可將植株放於陽臺內側，以防葉面被強光灼傷。

　　擺放在室內的植株，最好放在朝南窗前，讓其接受自然光照，並經常給葉面噴水。以便淋洗去葉面上沾附的纖塵。

222 怎樣使綠蘿常年油綠？

　　綠蘿性喜溫暖多濕及半陰環境，冬季室溫不得低於 10℃，

宜疏鬆肥沃，排水通暢的沙質壤土。要使綠蘿常年青翠可愛，在養護管理中需要採取如下措施。

(1)適宜的光照：綠蘿耐陰性較強，家庭蒔養可常年放在窗上附近室內培養。春夏秋之季放在通風良好的東西或北面附近，冬季移至南窗附近，多見陽光。若長時間擺放過於陰暗處，則會引起蔓莖徒長，節間變長，葉面上的黃花白條紋或斑塊變淡或消失。夏季應防止強光直射，以免引起葉色暗淡，葉形變小，灼傷葉緣，若光照適宜，則可保持綠蘿常年油綠。

(2)適當澆水：綠蘿喜濕潤，生長季節需保持盆土濕潤，切忌乾燥，否則易黃葉和姿色不佳，夏季需向葉面噴水，冬季氣候乾燥時，每隔5～7天用溫水噴洗一次葉片，以保持葉片光亮翠綠。

(3)合理施肥：由於綠蘿生長較快，生長旺季需每隔2～3周施一次稀薄液肥，少施氮肥。

223 北方盆栽合果芋為什麼易黃葉？

合果芋原產中美及南美洲的熱帶雨林。喜高溫，不耐寒、適於中小型盆栽。夏季應置於半陰處養護，避免陽光直射。合果芋在北方栽培容易發生黃葉現象，主要是由於以下的原因：

(1)溫度過低：合果芋在冬季要注意防寒，保持室溫在10℃以上，這時要控制澆水，停止施肥，切忌盆土過濕，否則會因受寒而引起葉片變黃脫落甚至爛根死亡。

(2)施肥不當：施肥過多或過少，或施用未腐熟的肥料，都可造成黃葉。一般生長期每半月施一次稀薄液肥，忌偏施氮肥。

(3)空氣濕度不足：合果芋喜歡較高的空氣濕度,故乾旱季節和夏季需每天向葉面噴水 2～3 次,這樣可保持葉片挺拔蔥翠,充滿生機。在新葉抽生期更應經常向葉面噴水,如果空氣過於乾燥,會造成新生葉的葉緣枯萎。

(4)換盆不及時：合果芋生長速度較快,宜每年早春換盆一次。如果換盆不及時,會造成盆內養分逐漸減少,因而導致葉片枯黃萎蔫。

(5)澆水不當：澆水過多,盆土積水或過濕,會造成因根系腐爛而黃葉。生長期間澆水要充足,經常保持盆土濕潤,但不能使盆內積水。澆水過少,使盆土過乾,也會造成黃葉現象。

224 如何讓鶴望蘭開花四季不敗？

鶴望蘭花期主要在夏秋兩季,但如栽培得法,可四季開花。鶴望蘭從花朵出現到開花只需 60 天左右,每朵花可 1 個月左右,一個花序著數朵花,順序開放,整個花序的花期長達兩個月之久。如想使其常年開花,應注意以下幾點：

(1)光照要充足：鶴望蘭為喜光植物,故需給予充足的光照。若光線不足,則生長瘦弱,開花不良。但盛夏要適當遮蔭,以免強光灼傷葉片。

(2)溫度要適宜：鶴望蘭最適宜的溫度為 24℃左右,若保持此溫度,則新葉生長迅速,花芽會不斷分化,保持常年開花。若室溫高於 27℃,或花芽後期過低溫,則會使花芽壞死,不能開花。

(3)肥水要適量：鶴望蘭怕旱忌澇,澆水要適量。夏季一般每天澆一次水,並向葉面噴 1～2 次水,冬季澆水要勤一些。施

肥掌握薄肥勤施的原則，從 4 月開始，每半月施 1 次稀薄液肥，可使花葉生長健壯，終年開花不斷。

(4)盆土要合適：鶴望蘭根系發達，每 2 年需換一次盆（用素燒盆為宜）。盆土應選用有機質多、透氣性好的培養土，一般可用腐葉土或草木灰 8 份，或沙和堆肥土各 1 份配製而成，上盆時可加入適量含磷鉀的馬蹄片、骨粉作底肥。

225 鶴望蘭播種為何難以發芽成苗？

鶴望蘭播種難以發芽成苗，主要是未能掌握其播種育苗的技術要點。

(1)種子處理：選擇顆粒飽滿、圓黑鮮亮、種胚飽滿的種粒，用 30～40℃的溫水浸種，時間為 2 天，每天早晨用清水沖洗一次並給予換水，讓種粒充分吸水，切莫採用將其種皮磨破的方法來催芽，這將極易招致菌類感染，導致播種失敗。

(2)作床播種：3 月中下旬，選擇疏鬆肥沃、富含有機質的圍地，整平後作床，若土壤板結則可拌入適量的蛭石，以增加其透氣性。一般將苗床作成長 2～3 公尺、寬 0.8～1.0 公尺、高 0.2～0.3 公尺，四周留好用於排灌的水溝；先用噴壺將床土噴透，然後將浸泡處理過的種子，按 5 公分×5 公分株行距點播於噴濕的床面上；在種子上覆蓋一層火燒土或消毒過的培養土，厚度約為 1 公分；最後噴一次水，加蓋地膜保濕提溫。

(3)播後管理：播種床在保持 30～35℃、空氣相對濕度不低於 70%～80%的情況下，一個月種子開始陸續抽發胚根，一個半月後即有芽尖破土。這時要及時揭去地膜，搭高棚蓋遮陽網遮蔭。大部分種子可在 75 天左右出齊。因鶴望蘭為肉質根，

花卉專家門診

種子出苗後要適當控制澆水，以避免發生爛根。待小苗長有兩片葉時，即可重新按 15 公分×15 公分的株行距帶土球移栽於大床或花盆中，約過 10 天就能恢復生長，以後每隔半月施一次薄肥，入秋後追施一次磷鉀肥，以增加其抗寒性，10 月下旬霜降到來前，搭棚防寒；11 月下旬再加一層薄膜，上蓋草簾保溫，確保安全越冬；在越冬期間，除特別寒冷的天氣外，每隔 2～3 天打開塑料棚通氣 1～2 小時，同時在棚內噴水增濕。約經兩年時間，當地栽苗長至高 50 公分，每株有葉 8～10 枚時工，再一次帶土球擴大株行距定植。此後按通常的方法管理，即可生產出合格的鮮切花。

226 扦插傘草以什麼作基質為佳？

扦插傘草可用河沙、沙土、蛭石、塘泥等作基質，但以塘泥作扦插基質，生根和生長效果最佳。

從春季傘草抽生到秋季停止發葉的整個生長期間，採用塘溝內的肥沃淤泥作基質進行扦插繁殖，生根速度快，成活率高，長勢旺。

選用口徑 40～50 公分、深度 20 公分的廣口大瓦盆，用瓦片蓋好底部的排水孔，內填糊狀的塘溝淤泥，厚度為 15 公分，將其用小鏟按壓平實，以備扦插；剪取傘草的粗壯頂生莖，以稍老一點的莖稈為好（剛抽生的嫩莖易腐爛），下部莖稈保留 5 公分長，以便於插入爛泥中，上部的傘狀葉縮剪去 3／4，只保留基部 1～1.5 公分將剪好的插穗密密插入肥泥中，插入深度以聚生於莖頂的葉片基部稍入土中為宜；最後將扦插完的大花盆座放於淺水池或水溝中，也可放於盛有水的缸中。

個案篇

花盆入水深度一般以恰好淹至插穗葉基部為好，以後經常保持池中或缸中水位的高度，不需要任何遮蔭。通常一個星期插穗即可生根，並開始從葉基部叢狀抽生出新的植株個體。約經3個星期，待其子株長至20公分時，便可將盆從池中或缸中取出，進行分栽上盆。

小苗分栽後要經常保持盆土濕潤，避免陽光暴曬，使小苗有一個逐步適應的過程。當秋末氣溫低於5℃時，將盆栽植株搬入室內，以免發生凍害。

227 傘草夏季為什麼易出現焦葉？

傘草又名旱傘草、水竹、風車竹，是多年生常綠草本植物，其生長強健，耐陰性強，一年四季均可放在室內養護，還可水養。

盆栽傘草用富含腐殖質的黏質土壤為宜。生長期間不能多施肥，以免引起植株徒長，夏季要防陽光直曬，否則會引起葉狀苞片乾枯而失色，故5～9月應置於半陰處養護。傘草不耐寒，12℃以下則停止生長。冬季應移入室內養護，室溫最好保持在10℃以上，最低不能低於5℃，否則會因凍害而導致葉片枯黃，甚至植株死亡。日常管理要經常剪去黃葉或過老的莖，促其萌發新枝，保持清新宜人。

傘草喜濕潤，怕乾燥，在生長期應及時澆水，尤其是夏季，澆水宜多不宜少，並定時向植株周圍噴水，以保持較高的空氣濕度，若水分不足，會引起葉片捲曲，葉端焦黃，植株萎蔫無神。家庭種植最好在盆底放置托盤盛水，以免因斷水而影響生長。

228 傘草水養應注意什麼？

傘草喜濕熱，5～9月為生長期，以6～8月生長最快。旺盛生長時，如果是常規盆栽，必須保證盆土濕潤，不能見乾，半月左右施肥一次，以氮肥為主。水養最好保證始終具有一定的水層，一般保持土面上1～2公分或2～3公分水深即可。追肥可每月施1～2次氮素化肥，並根據容器的大小嚴格控制用量。為防止容器內水質變黑、變質，影響美觀，最好不用有機肥。傘草在烈日強光下水分蒸發極快，應經常補充水分。

10月以後，天氣逐漸變涼，傘草的生長越來越慢，可逐步減少補充水分，最後使盆土變為濕潤狀態，但不可過濕。在5℃以上的直射日光下越冬。傘草最忌低溫下空氣乾燥的環境，這極易使葉片乾尖，因此在越冬時，溫度和濕度都要盡可能高些。

傘草的根系十分發達，盆栽1年，盆底即可形成1～3公分厚的根系層，從而使盆土表面上升，影響澆水。所以，每年3～4月在生長期到來之前，就應換盆一次或分株，注意在上盆時填土要少，土內不加營養。

229 馬蹄蓮葉片為何發黃萎縮？

馬蹄蓮開花，除必須是較大的種球外，還要求肥料全面充裕、陽光充足，3～4月間有足夠高的溫度條件，在溫室大棚或室外栽培才能正常開出美麗的乳白色花朵。入夏後出現葉片發黃萎縮是正常現象，因為它原產於南非，當夏季氣溫達到30℃

個案篇

以上的逐漸進入休眠狀態，並表現為植株葉片先發黃、後萎縮，最後地上部分枯死，讓種球在盆土中過夏，到了秋後再恢復生長。

馬蹄蓮盆栽宜於 9 月下旬種植，每盆栽種較大的塊莖 3～5 個，盆土為園土加礱糠灰，並拌有足夠的漚透的氮磷肥，稍加遮蔭，保持濕潤，出芽後置於陽光下，待霜降來臨時再搬入棚（室）內，白天保持 10℃ 以上的室溫，夜間氣溫應不低於 0℃，每兩週追施一次漚透的餅肥水，忌將肥液澆入葉柄內，以免引起葉柄腐爛；同時，要給予必要的葉面噴水，使其葉色保持蔥綠。馬蹄蓮喜濕，生長期要充分澆水，待莖葉繁茂時需將外部老黃葉摘除，以利於花梗的抽出。春節前後始花，3～4 月為盛花期，5 月以後天氣轉熱，它的莖葉開始枯黃，此時應減少澆水，將盆側放，令盆土乾燥，促其休眠。葉片全部枯黃後取出塊莖，放置於通風陰涼處貯藏，待秋季種植前將塊莖基部衰老部分削去後再重新上盆栽種。

230 盆栽馬蹄蓮的養護要訣是什麼？

馬蹄蓮喜歡溫暖濕潤及疏陰環境，不耐寒冷和乾旱，生長適溫為 15～20℃。在生長期保持 15℃ 左右的溫度，能周年開花。但若遇夏季高溫，則不能開花。

盆栽馬蹄蓮宜選用富含腐殖質的沙壤土，並拌入充分腐熟的糞肥和餅肥作基肥。可於 9 月種植，一般口徑 30～40 公分的盆可種植 3～4 個塊莖，種後澆一次透水，置於蔭蔽處。出苗後移至向陽處，每天澆一次水，每隔 10 天左右施一次腐熟的稀薄液肥。

花卉專家門診

生長期間對光照要求較嚴。剛開始生長階段，較耐蔭蔽，生長旺期需充足陽光，開花期更應光照充足，否則佛焰苞將呈黃綠色，降低觀賞價值。寒露後移入室內陽光充足處，白天室溫維持在 15℃，夜間不低於 10℃為宜。

開花前應施磷肥，以免莖葉過於肥大而影響花的質量。4月下旬搬至室外蔭蔽處養護。6月以後進入休眠期，此時應剪去枯黃葉片，停止施肥，控制澆水，將花盆移至通風處休眠，秋季再將球取出重新栽植。

231 缸栽荷花為何花開不旺？

缸栽荷花開花不旺，可能有以下幾個方面的原因：

（1）選用的品種不太適合作缸栽，缸栽一般宜選用株形中等的「艷陽天」、「秋水長天」、「東湖春曉」等品種。

（2）栽種的藕芽可能偏多，一般口徑為 50 公分的缸，只宜栽 2 支藕種，藕芽過多勢必造成營養生長過度，消耗缸內的養分，即使是後期剪去了一些葉片，也難以將其體內的營養轉移到生殖生長上。

（3）種藕未保護好苦芽，每一段種藕都必須具有一個完整無損的苦芽（頂端生長點），否則種後當年不易開花。

（4）分栽藕芽時間不太合適，一般要在當地氣溫達 15℃以上時，方為分藕繁殖佳期。

（5）與沒有形成健壯的植株有關。可參照一個 50 公分口徑的水缸中栽種 2 個藕芽的密度，若是偏多了，可除去幾個藕種，冬天注意防寒，第二年春回氣暖發芽後，加強施肥管理，並追施適量的磷鉀肥，定能開出令人滿意的荷花。

232 怎樣使荷包牡丹花繁葉茂？

荷包牡丹喜在半陰半陽的地方生長，既適宜栽植於園林和庭院的樹蔭之下，也可以種植建築物的背陰面，耐寒而不耐高溫，夏季莖葉枯黃而休眠，最宜疏鬆肥沃的酸性土壤，忌鹼土。

荷包牡丹栽培容易、喜肥沃，栽植前可施入基肥。在每年春季萌芽前及生長期，每半月施一些餅肥或液肥，則苗更壯，花葉更茂。繁殖以春秋分株為主，也可進行扦插或播種繁殖，但實生苗需 3 年才能開花。

荷包牡丹澆水不宜過多，以稍濕潤為宜。若在生長期間，每隔 1 個月左右施一次礬肥水（與施液肥相間進行），則生長更加旺盛，施 1～2 次 0.2％的磷酸二氫鉀或 0.5％的過磷酸鈣溶液，可使花大而色艷。花後要及時剪掉殘花。

炎夏處於休眠狀態，要放半陰處養護，土壤以稍乾為宜，9月初開始正常澆水，可促使新芽萌發。秋季枝葉枯黃後，應將植株的地上部分全部剪掉，防止蘗生病蟲。如栽植多年植株生長衰弱，開花不良，即應去舊更新。霜降後可移入低溫溫室越冬，室溫保持在 5℃左右即可，盆土不可過濕或過乾。

233 菊花的選種復壯繁殖如何進行？

金秋時節菊花盛開，花艷形美，是選種定種的好時機。而名貴品種一般發生腳芽較少，且枝條細弱，扦插成活率低，給繁殖增加了難度。生產中保持菊花品種的優良特性，採用良好

的栽培復壯技術是很重要的。

下面介紹兩種有效的復壯繁殖法：

(1)腳芽繁殖：將選定的母株掛牌，於花謝後對母株上的枯、老、病、葉及殘花全部剪除，留無病嫩枝葉。同時去掉部分陳土（盡量少傷母株鬚根），補充新鮮營養土，澆透水，置於較溫暖（氣溫 15℃左右）而有陽光處，常噴水保濕，每半月噴施一次 0.5%磷酸二氫鉀水溶液。促枝葉生長良好，孕育健壯的腳芽。到翌春 1～3 月，腳芽萌發後，每隔半月施一次有機肥促腳芽節短苗壯。當苗長到 10 公分左右時即可取芽扦插，插穗長 6～8 公分，插入土深為 2～3 節，澆水並罩膜保溫保濕。約 20～25 天插條生根發芽。

(2)頂芽、老枝繁殖：對選定的名貴母株培育的方法主要是薄肥勤施、勤打頭、促分枝、增加分枝。7 月中旬在全光照、有噴霧設施的沙質插床上，取頂芽或上部充實、長 10～12 公分的無葉老枝，用 ABT 生根液浸泡半小時，扦插深度為 4～5 公分，澆透水後進行常規管理，約 40 天插條生根發芽。嫩芽生長期注意病蟲害防治。

234 怎樣使盆栽菊花矮化？

盆栽菊花常以株形矮壯、花大色艷、腳葉不脫為美；植株生長過高，則影響觀賞效果。栽培中除有目的地選擇矮生品種外，通常可採取以下措施，使盆栽菊達到莖幹矮化的目的。

(1)推遲扦插：為了縮短菊花的生長期，可適當推遲扦插繁殖的時間，如培養多本菊可推遲到 6 月上旬進行，獨本菊可在 7 月上旬扦插。

個案篇

(2)上盆淺栽：菊苗上盆時，盆土只放到盆高的 1／3 左右，以後隨著莖幹的長高逐漸加土。

(3)先栽小盆：大盆養小苗因水分與養分充足而容易引起徒長，可先用小盆上盆，立秋前後再換入大盆，這樣可以起到控制株高的作用。

(4)適當摘心：摘心可控制菊花的高度，防止徒長。摘心的時間與次數應根據扦插的時間、栽培的方法（獨本、多本）及品種特性等情況而定。一般扦插早、留花數多、生長勢強的摘心次數可多，反之則少，甚至不摘心。最後一次摘心（定頭）應在立秋前進行。

(5)控制澆水：澆水宜在上午 10 時前進行，這樣可以使盆土在夜間保持乾燥的狀態，從而控制菊花莖幹的生長。傍晚若菊花缺水葉片呈現萎蔫時，可在四周噴水，以提高空氣濕度。切忌傍晚時澆水。

（6）使用生長延緩劑或抑制劑：從苗期至花蕾形成，每 10 天噴灑一次 1000 毫克／千克比久溶液（或多效唑），可有明顯的矮化作用。

235 怎樣防止菊花腳葉脫落？

在菊花栽培中，常出現下部葉片黃枯脫落現象，即為腳葉脫落。腳葉脫落不但會影響開花的質量，使植株頭重腳輕，重心不穩，而且會影響整體的觀賞效果。防止菊花腳葉脫落可採取如下措施：

(1)適當推遲扦插期：在保證花期和造型要求的前提下，儘可能地推遲扦插育苗時間，如 5～7 月進行，即可大大減少腳葉

花卉專家門診

脫落現象的出現。

(2)採取淺栽的辦法。即菊苗上盆時盆土只放盆高的1／3，待日後隨植株長高而逐漸添加盆土，以使盆面上的葉片保持較健壯的狀態。也可以在最後定植時，將脫葉的基部枝條壓埋在盆土中。

(3)合理澆水，防止盆土過於過濕：土壤過乾會造成葉片萎蔫，澆水後雖能恢復，但易導致腳葉發黃脫落。同時，在盆土過濕或積水時，會抑制菊花根系的呼吸與吸收，從而使腳葉產生嚴重脫落。

(4)保持腳葉清潔：澆水或施肥時應避免肥液或泥水濺污葉片，因為菊葉表面具絨毛，被肥液或泥水污染後就會造成腳葉的枯黃脫落。

(5)及時防治病蟲害：菊花受到病蟲侵襲後，易引起葉黃而脫落，應及時噴藥防治。

此外，施肥過濃、密度過大、光照不足、通風不良、肥料供應不足等都會造成腳葉黃化脫落，在栽培時也應加以注意。

236 菊花爲什麼會長出「柳葉頭」？

所謂「柳葉頭」，是指菊花植株頂端幾片葉子驟然變小、葉片不具裂齒或粗齒，有時窄如垂柳葉片的不正常現象，它是由於枝頂發育成一個不能繼續生長發育的花序所造成。「柳葉頭」的產生是生長發育節奏與環境條件不協調時。造成的營養生長向生殖生長轉換不完全的生理現象。究其原因有外部的環境條件原因，也有內部遺傳原因。

因為菊花為典型的短日照花卉，多數品種在長日照條件下

只進行營養生長。在一定的短日照條件下才開始進行花芽分化，已開始分化的花芽只有在更短的日照下才能繼續生長發育開花。一般在自然條件下，日照是逐日縮短的遞減過程，當縮短至花芽已啟動分化後，已分化的花芽若不能獲得花芽繼續發育所需的更短日照時間，就會出現生長發育停滯而產生「柳葉頭」。在這一敏感的時間段，其他一些外界因素，如溫度、光照強度、晴天和陰雨天的日照變動、營養供應等，都可能會對花芽的分化、發育產生影響，形成「柳葉頭」。

另外，插穗質量差、從光照不足的母株上採取插穗、定植或摘心過早、人工補光期間光照不足、人工遮光失誤等，都有可能促成「柳葉頭」現象的產生。

產生「柳葉頭」後應該怎樣處理呢？一旦發現「柳葉頭」，立即從第一片正常有發育葉的上方將「柳葉頭」，包括花蕾及帶柳葉的梢端全部摘除；在下方的側芽中，只保留最上端的一個，使其代替「柳葉頭」成花；也可摘去「柳葉頭」後，緊靠枝旁插一根支柱。將剛抽出不久的最上方一個側枝（長約4～5公分時），細心捆綁在支柱上。

捆綁應在晴天的午間、當嫩梢微帶萎蔫時進行，幼梢不易被折斷。但捆紮不能太緊，以免勒傷其皮層。

237 新購的盆菊為何突然枯萎？

新購的盆菊出現葉垂蕾枯的不正常現象，不是養護方面的問題，而是菊花植株本身存在問題。出現這種情況根據經驗推測有兩種可能：

（1）菊花為新上盆的植株，在起苗時根系沒帶好，且土球

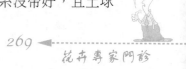

已破碎，又沒有及時刪剪去一些大的葉片，這樣的植株在盆土完全潮濕的條件下，可保持短時間的正常狀態一經盆土發乾後再澆水，很快就會出現葉片下垂、花蕾萎蔫，不容易恢復。

（2）為嫁接套盆苗，由於起盆時整個植株的水分供應還是靠砧木之根系，而接穗或砧穗接合部根本未形成有吸收水肥功能的再生根系，一經起盆時鏟斷砧穗接合部，其植株在盆土完全潮濕的情況下，可保持數天的枝葉挺起，一旦盆土發乾、枝葉垂萎後再補充澆水，也就無法再恢復其生機了。

為此，在購買盆栽菊花時，①要檢查是不是新栽的植株；②要從排水孔處觀察，其內有無粗壯白嫩的菊花植株根系，方可避免上述情形的發生。

238 如何延長松果菊的花期？

松果菊是在北方生長良好的露地宿根花卉，花期 5～10 月。喜溫暖向陽，雖適生於肥沃土壤，但亦耐瘠薄，耐半陰。怕積水和乾旱。生長強健，適應性強，花期長，觀賞價值高。冬季最好在室內越冬，越冬溫度不得低於 -5℃。

在整個生長期，特別在 3～6 月的生長季節，要注意不斷澆水。需保持土壤濕潤。夏季開花前，應適當灌溉，並施以液肥，可延長花期。雨季要注意排水，並防止植株倒伏。花後及時剪除殘花，可延長觀賞期。

松果菊頭狀花序頂生，主花莖花朵先開，然後腋芽抽生側花莖，形成花蕾，肥水條件充足時漸次抽莖開花，花期可長達 2 個月。單花壽命大約 10～15 天。為保持較好的觀賞效果，可適時摘心，促進側花的形成，以後再次摘心，可形成二次側

花。摘心還可使植株矮化，防止倒伏。

松果菊可利用花後修剪控制一年二花。如 4～5 月花後修剪，並加強施肥管理。7～8 月可第二次開花；5～6 月花後修剪並施肥澆水，9～10 月可第二次開花。

239 怎樣提高一串紅種子的發芽率？

為提高一串紅種子的發芽率，種子在播種前必須進行一些特殊的處理。先將種子在清水中浸泡，經過反覆搓洗，去除黏附於種皮外的一層滑溜溜的黏液，直至種粒外無黏膩物附著為止。再行下地播種。通過浸泡種粒和搓揉去黏，可使種子的發芽時間由 10 天縮短為 7 天，種子發芽率由 40% 提高到 95% 以上。在購買優良品種的一串紅 F_1 代雜交種進行播種育苗時，播種前一定要進行搓揉去黏處理。

240 怎樣促成雞冠花矮化？

為了促成鳳尾雞冠花等品種植株的矮化，可用濃度為 100 毫克／升的多效唑溶液。在其花序剛長出 2 公分時進行噴灑，每隔 7～10 天一次，連續 2 次，可明顯促成植株矮化，株形緊湊。

241 怎樣使新幾內亞鳳仙株形豐滿？

新幾內亞鳳仙是近幾年比較流行的盆花之一。因其萌蘗力強，在其幼苗長至 5～6 公分高時，其側芽即開始萌動。當其株

高達到 10 公分時，便可實施摘心。盆栽植株通常在一個長季節裡需摘心 2～3 次。最後一次摘心後，要及時剝去不需要的側芽，剪除瘦弱細長枝，借以增加透氣見光，使植株顯得矮壯、整齊。

 242 西洋濱菊爲何不開花？

西洋濱菊不開花可能有以下三個方面的原因：一是播種時間不對；二是幼苗期溫度偏高未經過低溫階段；三是未能控制好氮肥用量。

西洋濱菊原產歐洲，喜溫暖濕潤和陽光充足的環境，耐寒性較強，在我國長江流域冬季基生葉仍常綠；耐半陰，栽培宜用肥沃、疏鬆和排水良好的沙壤土，pH 值可控制在 6.5～7.0 之間。通常於 9 月份進行播種，不覆土，發芽適溫爲 16～18℃，播後 10～20 天發芽；分株繁殖，亦宜在秋天進行。在其栽培管理過程中，幼苗期溫度不能過高，以 10～12℃ 爲好，溫度過高易導致其徒長。生長期每月施薄肥一次，但須控制氮肥用量，否則會推遲花期，可在稀薄餅肥液中加入 0.2% 的磷酸二氫鉀。花謝後剪去地上部分，有利於其基生葉的萌發。

 243 彩葉草如何栽培管理？

彩葉草屬唇形科多年生草本，葉面有綠、紅、黃、紫等色彩鮮艷的斑紋，故名彩葉草，它繁殖容易，管理簡便，是優良的盆栽觀葉植物，也是夏秋花壇的理想材料。

彩葉草繁殖可播種、扦插。在溫室內可隨時播種，發芽的

適宜溫度為 15～20℃，10 天左右發芽。四季均可扦插，切取枝端 6～8 公分左右為插穗，插於河沙中，保持較高的空氣濕度和 15℃以上的溫度，約 10 天可生根。

水肥管理：彩葉草葉片大而薄，生長期要注意澆水和葉面噴水，經常保持盆土濕潤，但水量要控制，以防苗木徒長。彩葉草需肥量少，生長期施 1～2 次稀薄的磷、鉀肥，可使節間短，枝密、莖硬，葉面色澤鮮亮。

加強光照：彩葉草原產亞州熱帶地區，喜光照，不耐陰，應在向陽通風處養護。光線充足可使葉色艷麗。但在夏季高溫強光下，色素會遭到破壞，應適當遮蔭，冬季注意保暖，溫度不可低於 10℃。

及時摘心，防止徒長：彩葉草莖脆弱，易徒長倒伏。當苗長到 4～6 片葉時，應及時摘心。經過 2～3 次摘心，可促進分枝，控制高度，使植株生長更加豐滿。

244 玉簪葉片發黃怎麼辦？

玉簪為多年生宿根草本，性強健，耐寒，喜陰濕，忌烈日照射，在樹蔭下生長茂盛；對土壤要求不嚴，喜土層深厚、肥沃濕潤、排水良好的沙壤土；玉簪在栽培過程中常出現葉片變黃的現象，其主要的原因有以下幾點：

(1)水分過多：玉簪喜較濕潤的環境，澆水也不宜過量，尤其注意不要使土壤長期積水，以免根系因缺氧而腐爛，導致葉片枯黃脫落。因此肥水要適量，才能生長茁壯，開花繁茂。生長期（特別是生長旺期）每月要澆透水 3～5 次，以保持土壤濕潤，同時要追施氮肥和磷肥。

(2)施肥過多：玉簪若肥水過量、施肥過多，特別是施肥濃度過高時，易導致「燒根」，造成葉片發黃，甚至脫落。

(3)強光照射：玉簪為典型的陰生植物，葉片組織脆弱忌強光直射。因此，地栽時須選擇有遮蔭、無日光直射的地方。盆栽夏季也要放在蔭棚下養護，但也需要接受充足的散射光，否則不能進行光合作用，影響開花。盆栽春季注意遮陽，新葉萌發後逐漸多見陽光。

245 非洲菊的管理有什麼特點？

非洲菊在我國多作為溫室花卉培養，北方冬季放在陽光充足的溫室中栽培，也可開花，但以春末夏初及秋季開花最多。

非洲菊喜富含腐殖質的酸性土壤，在黏重而排水不暢的土壤中容易爛根。要求充足的陽光和良好的通風環境，若光照不足，則長勢瘦弱，花小而少。抵抗力弱，一旦遇到水分、溫度條件不適，就會出現葉片枯黃、根部腐爛的現象。

非洲菊喜陽光充足，冬季要使其充分見光。夏季要注意遮蔭，並加強通風，以降低溫度，防止溫度過高引起休眠。在非洲菊小苗期間，澆水要適當控制，促使其蹲苗。生長期間應供給充足水分，澆水量視土壤乾濕情況而定，不乾不澆，澆則澆透。忌雨淋，澆水時亦不可當頭淋水，特別注意不要使葉叢中間沾水，以免引起根頸上的花芽浸水後腐爛。若溫度適宜，非洲菊便可同年開花，因此需肥量很大。

肥料要少施勤施，每年翻盆換土一次。9月下旬至10月上旬移入室內，如果室溫較低、陽光不充足可停止澆水，保持盆土略有濕氣即可，以利其休眠。

個案篇

鳳仙花作為一年生草本花卉，儘管其喜暖熱、好陽光，對土壤適應性很強，地不擇乾濕，移栽不論時序，但其原產於溫暖濕潤的印度、馬來西亞和我國南部，對夏季高溫和土壤乾燥、空氣濕度過低等不良環境，也會產生比較大的負面反應，常常出現葉片捲縮、枯尖，落葉以至植株死亡。究其原因是春末夏初，氣溫突然大幅度抬升，鳳仙花植株尚未建立發達的根系，加上其莖杆為含水量極高的肉質，根系也為肉質根且大多分布於土表，這時遇到氣溫陡增，空氣濕度又過低，土壤表層蒸發乾燥後。又未能及時給予盆土澆透水，沒有為其創造一個涼爽濕潤的局部小環境，使莖杆表皮層逐漸加厚、根系向土壤深處紮入，這樣必然導致其肉質鬚根的萎縮枯死，失去營養功能。莖杆過度脫水，失去支撐和縱向輸導水分的作用，輕者是部分葉片因水分供應不足而捲曲、萎縮和脫落，降低其應有的觀賞價值，重者則造成葉片落光，整株死亡。

　　為此，地栽鳳仙花應選擇疏鬆、肥沃、深厚、排灌水方便的地塊栽種，忌積水、久濕和通風不良，盆栽應選用富含有機質、通透良好的培養土，春末夏初當溫度出現大幅度上升且久不下雨時，應特別重視水分管理，宜早晨澆透水，晚上若盆土發乾，再適量補充澆水，並適當給予葉面和環境噴水，忌過乾和過濕，甚至可於正午前後將盆栽植株搬放到蔭棚下給予遮蔭。另外，鳳仙花在溫度高、濕度大時，易招致白粉病的危害，可噴70%的甲基托布津可濕性粉劑800～1000倍液進行預防。

鳳仙花為一年生草本，每年秋末挑選優良單株採種，春季進行播種育苗，因此，不存在越冬問題。盆栽最好採用 F_1 代種子進行育苗。

247 天門冬的莖葉發黃是怎麼回事？

天門冬綠葉，枝蔓懸垂飄逸，是裝點居室的好材料，但在栽培過程中，經常會發現莖葉變黃的現象，主要原因為：

(1)光照太強：天門冬喜光，但怕強光直曬，夏季若將其放在室外陽光下暴曬，極易造成莖葉枯黃。

(2)光照不足：若長期將天門冬放置於室內光線陰暗處，則莖葉也易萎黃。為使其健壯生長，除夏季需要遮蔭外，其他季節都應給予適當光照。冬季若光照不足，再加上澆水過多，還會引起爛根，導致植株莖葉萎黃，甚至枯死。

(3)施肥不當：若長期施用未腐熟的有機肥，易「燒根」而引起焦枝枯葉。施肥應掌握的原則是「少量，薄肥，勤施」。

(4)適時換盆：天門冬根系發達，生長快，若長期不換盆換土，會導致盆內根系盤結，擠滿盆體，使之缺乏可供吸收利用的養分，致使葉片發黃。所以，應及時翻盆，翻盆時用刀將外圍和部分老根切掉，同時進行分株，種植在新的培養土中，盆土以疏鬆肥沃、排水良好的沙質土壤為佳。

(5)澆水不當：天門冬為肉質根，怕水澇，平時澆水不宜過多。春秋季每隔 2～3 天澆一次水。夏季可每天澆一次透水和向葉面噴灑 2～3 次水。冬季每隔 10 天左右澆一次水即可，最好每隔 3～5 天噴洗一次枝葉，以利於枝葉保持清潔碧綠。5～9 月為其生長旺盛期，可每隔半個月左右施一次充分腐熟的餅肥水。

君子蘭發生葉斑病怎麼辦？

君子蘭葉部發生的病害可能是君子蘭葉斑病。該病多發生在葉片上，病斑初為褪綠色黃斑，周邊組織變為黃綠色，病斑不斷擴大呈不規則狀斑，邊緣突起黃褐色，內部灰褐色，稍顯輪紋狀。後期病斑背面出現黑色粒狀物，最後病部乾枯。

病菌存活在寄主植物的殘體上，多從傷口處侵染危害。在溫室中常年發生，以 7～10 月發病最為嚴重，植株生長衰弱時有利於該病的發生。

防治方法：①剪除病部（要帶一部分綠葉）葉片，及時銷毀；②發病時期用 50%的多菌靈可濕性粉劑 1000 倍液，或70%的甲基托布津可濕性粉劑 1500 倍液，或 50%的代森銨可濕性粉劑 1000 倍液，交替使用，每隔 10 天 1 次，連續 2～3次。

249 如何給君子蘭淋水？

秋季君子蘭淋水後爛根死亡，可能有兩個方面的原因：

（1）盆土過濕，因君子蘭喜歡疏鬆通透的土壤條件，其粗大的肉質根到了 10～11 月間，已進入停止生長或生長很慢的狀態，不需要多少水分，只需要保持盆土略濕即可，淋水過多造成爛根是在所難免的。

（2）淋水時不注意，會將有臟污成分的塵土等一並流入植株的葉叢中心。而這時葉片蒸騰耗水較少。臟水積在葉叢內，也會造成爛心爛根。

正確的淋水方法是：用手持噴霧器給葉片噴霧，但不能形成較大的水珠進入葉叢中，隨即可用乾淨的濕毛巾將葉片上帶纖塵的水珠等拭去。

250 君子蘭品種的優劣怎樣辨別？

辨別君子蘭品種的優劣，可從以下十個方面入手（引自《君子蘭栽培圖說》）。

(1)亮度：指葉面的反光程度，依次為油亮、亮、微亮、不亮等4級。

(2)細膩度：指葉面光滑程度，依次分為細膩、比較細膩、一般細膩、比較粗糙、粗糙等5級。

(3)剛度：指葉片整體的抗彎曲程度，取距葉端10公分處加以測定，剛度越強越好。越弱越差。

(4)厚度：指葉片橫切面的厚薄程度，優劣依次分為1.6毫米、1.4毫米、1.2毫米、1毫米以下等4級。

(5)脈紋：脈紋粗壯突起，等間距分布於整個葉面。頂端有密集紋粒者為佳；豎脈通頂，間距大，橫咏紋正，呈「田」字形者為好，葉片脈紋差距越小越好。

(6)顏色：葉色以淺為佳，葉面上兩種顏色的反差（對比）越大越好。

(7)長寬比：指葉片長度與寬度的比例。長寬比為3：1者為最佳，正負遠離此值為差。葉片長度是指葉片頂端到葉鞘邊緣與葉基連結點的距離，寬度是指被測葉片最寬處的數值。

(8)株形：指植株形態，由葉片排列組成。上品、精品的株形側看一條線，正看如開扇。側看一條線是指葉片左右整齊；

個案篇

正看如開扇是指葉片頂端連線基本是圓滑曲線。葉片長短差距不大，葉片向斜上方子伸，葉片間距基本相等。

(9)座形：指葉鞘在縮短莖上組成假鱗莖的形狀。座形的優劣取決於葉鞘邊緣在縱向間距的大小和兩相對葉片葉鞘邊緣夾角的大小。間距越小，夾角越大，座形就越美。優劣依次為低元寶形、低塔形、高元寶形、高塔形，低柱形、高柱形、低楔形、高楔形等。

(10)頭形：指葉片頂端的形狀。葉片頂端曲率半徑變化越小越好，等半徑最佳。優劣依次為半圓、橢圓（平頭）、急尖、漸尖、銳尖等。其他還有花大色艷、花被片緊湊、花葶粗壯而高度適中、果實色淺具光澤等。

251 君子蘭裸根栽種爲何易脫葉爛根？

購買的裸根君子蘭大苗翌年不長葉不開花，反而出現脫腳葉和爛根現象，可能有兩個方面的原因：①根系處理不當，②培養土不適宜。

就根系處理而言，購買的裸根君子蘭大苗，特別是透過郵購來的大苗，最好不要立即上盆，應先在陰涼的地面上擺放一層剛剛從樹上採下的新鮮枝葉，再小心打開郵包，將裸根大苗取出，檢查植株根系上有無爛根或傷口。

若有爛根應及時剪去，若有傷口可塗抹硫磺粉或木炭粉；然後將其輕輕擺放在新鮮的枝葉上，讓君子蘭先適應一下當地的氣候條件，不要給植株噴水。在枝葉上擺放一天，室溫應不低於15℃，第二天再行上盆。如果是裸根小苗，在檢查了根系無傷損後，將其根系放進0.1%的高錳酸鉀溶液中浸泡5分鐘，

進行消毒處理，殺滅附著在根系上的病菌，取出後用清水沖洗乾淨稍加攤晾即可上盆。

培養君子蘭的營養土可用塘泥 30%、菜園土 30%、河沙 30%、堆肥土 9%、過磷酸鈣 1% 配製。栽種前亦應先行消毒，否則其土中帶有蟲卵和病菌（如君子蘭的白絹病、軟腐病均為土壤帶菌所致），易使君子蘭感染病害，輕者造成植株生長不良，重者導致根爛葉枯或死亡。

消毒方法：在每立方公尺的栽培用土中，均勻撒上 40% 的福爾馬林 400～500 毫升，堆積好土，上覆塑料薄膜蒙罩，經過 2 天時間，福爾馬林化為氣體，消毒就完成了。然後揭去薄膜，翻動土壤，讓藥味散盡後即可使用。另外，也可用炒曬和蒸煮法消毒。

栽培君子蘭時，先在盆底的排水孔上交叉蓋上 2 塊碎瓦片，再墊 2 公分厚的碎石子或沙粒，上面方可填入細土或素土，約占 1／2；再上為稍粗的培養土，約占 1／3，最上為 2～3 公分的空間。

一般只需要將君子蘭的根頸以下栽埋入土即可。

栽後澆透水，以後保持盆土濕潤，5～7 天內可不用澆水。

252 一年二度開花的君子蘭植株爲何不再開花？

君子蘭植株開花過後，特別是二度開花的植株，消耗了體內貯存的大量養分，特別是磷元素，若開花後又未能及時進行翻盆換土，再加上追肥不足，或磷肥供應欠缺，均有可能造成其下個年度不開花。

一般情況下，如果不是為了採收種子，當君子蘭植株花謝

個案篇

達 8～9 成後，要及時割除其殘箭，以防殘箭保留時間過長消耗養分；堅持每年換盆一次，換盆前一週停止澆水，以利於盆土與盆壁脫離，也可避免換盆時損傷根系。

253 如何避免君子蘭因花謝後切割殘箭而導致爛心？

君子蘭植株花箭開謝後，因割箭前後的操作和管理失誤導致植株爛心死亡的情況時有發生。那麼，怎樣來避免因切割殘箭而導致的植株爛心呢？

君子蘭花箭即將全部開完時，暫停一週的澆水，使其箭杆內的水分含量降低；選用經過消毒的刀具切除約 1／3 高度的殘箭，然後將植株稍放傾斜，避免創口處流出的汁液進入葉叢中心，這是防止爛心的關鍵之一；待其傷口收乾後，再將植株扶正。在其殘留的花葶基部尚未完全枯萎前，澆水時要千萬小心，不要讓水流入葉叢，更不能讓污水流入葉叢，可用濕布抹去葉面上附著的纖塵。

254 君子蘭葉片上有鏽鐵斑點怎麼辦？

首先必須鑒別君子蘭葉片上的鐵鏽斑點是病害還是蟲害，不排除是葉片瘡痂的可能，但也有蚧殼蟲類危害的嫌疑。

可用手指甲輕輕劃刮鏽鐵色斑點，如果比較容易剝離，且不傷及葉表皮層，則可以斷定是蚧殼蟲類危害所致，鏽鐵色斑點即為蚧殼蟲蟲體。若用手指尖輕輕撫摸，鐵鏽色斑點有隆起，且有凹凸不平的手感，用手指劃刮，易傷及表皮層，則瘡痂病的可能性極大。

防治蚧殼蟲：可用濕布先將其蟲體擦去，或用毛刷醮水刷除去；若去不掉，可試用透明膠帶黏貼去除。

藥物防治方法：埋施 15% 的涕滅威內吸性顆粒劑，先於盆內根際外圍挖一圈 1 公分深的小溝，均勻撒入顆粒劑，每盆 2 克左右，然後覆土並澆足水，經 7～10 天即可取得良好的殺蟲效果，或埋施 3% 的呋喃丹顆粒劑，每盆用藥 5～10 克，效果亦不錯。

瘡痂病：首先在葉片上形成不規則的木栓鏽斑，後逐漸擴大呈赤褐色，一般病菌在寄生的角質層與表皮細胞的間隙中進行擴張繁殖和危害，且易併發細菌性斑枯病，使葉片局部組織壞死，影響到成株的開花。

防治方法：發病初期，用 70% 的甲基托布津可濕性粉劑或 50% 的多菌靈可濕性粉劑 1000 倍液噴灑葉面，或用 50% 的退菌特可濕性粉劑 800 倍液，或 50% 的多菌靈可濕性粉劑 500 倍液擦洗病葉，便可有效控制病斑的蔓延。家庭少量種養，可在病斑上塗抹達克寧霜軟膏，效果也很好。

255 君子蘭種子在果實內發芽了怎麼辦？

擺放在溫室中的君子蘭結果植株，在冬末春初，其種粒利用果實中的養分，在溫室內比較適宜的溫度、濕度條件下，自行蔭發並伸出了胚根，這是一種不很常見的現象。

可先將其果實摘下，輕輕剝開，在溫水中沖洗乾淨。然後將洗淨的已發芽種粒，埋栽於盛有乾淨濕沙的花盆中，也可種在經過消毒的乾淨腐葉土中。

將植種好的花盆繼續擱放於溫室內，種粒一經出土就要給

予適當的光照，以防其幼苗長得細長，影響以後的生長。當室外氣溫達 15℃ 以上後，再將播種的花盆搬放到室外，並給予正常的水、肥和光照管理。

256 君子蘭爲什麼會出現「夾箭」現象？

君子蘭「夾箭」，是指其花梗太短，被夾在葉叢的下部，抽箭寸花葶躥不出來，導致花瓣不能正常開放的特殊現象。

君子蘭「夾箭」的原因有二個方面，一是養護管理不善，二是一些品種本身有缺陷。具體原因有：

①溫度不適宜，一般君子蘭抽梗適溫為 20℃ 左右，若室溫低於 12℃ 或高於 25℃，都不利於花葶的正常抽伸。

②營養不良，如氮肥偏多，而磷鉀肥和微量元素又缺乏，從而影響到箭葶的正常抽生。

③水分失控，如水分供應不足，而抽箭時又恰恰需要較多的水分；水分過多，造成植株爛根，也影響到花箭的抽出。

④空氣乾燥、光照過強、晝夜溫差小等因素也會導致「夾箭」。

防止「夾箭」的措施：

（1）調節溫度，因低溫引起的「夾箭」，可將其擺放於室溫 20℃ 左右的房間內，但不得超過 25℃，約過 10～15 天，被夾在葉叢基部的花葶即可順利抽出。

（2）巧妙供水，因缺水引起的「夾箭」，可每隔 3～5 天澆水一次，澆水的水溫控制在 20～25℃ 之間；以後連續澆溫水 10～15 天，花箭可望順利抽展。

（3）合理施肥，因營養不良引起的「夾箭」，發現花箭露

283

頭時，可向葉面噴施 0.1%的磷酸二氫鉀溶液，也可澆施 0.3%的磷酸二氫鉀溶液，施肥同樣必須在室溫 20℃左右的條件下方可。另外，還可追施專門的「君子蘭促箭劑」，每天往盆土中滴一次，每次 7~8 滴，4~6 天後即可抽箭，注意千萬不能往夾箭處滴肥。再則，發現有「夾箭」時，可澆施少量啤酒液也有效。

257 怎樣矯正君子蘭「歪葉」？

君子蘭「歪葉」，是指君子蘭葉片不呈左右對稱的倒「八」字狀態，而出現「七扭八歪」的不正常現象。

君子蘭「歪葉」的原因，與君子蘭新老葉片有不同的趨光性有關。君子蘭葉片有較強的趨光性，嫩葉趨光性更強。正因為其新老葉片的趨光性有強有弱，因此，當君子蘭的葉片橫向對著陽光生長時，新葉趨光性強，就會向陽光照射來的方向先「歪」出來，從而使原來生長整齊的葉片出現「歪出」或「歪進」的「歪葉」現象。

避免並矯正「歪葉」的方法：

（1）經常翻轉植株方向，避免出現「歪葉」；在養護過程中，根據實際情況轉動花盆的位置，使葉片受光的刺激向所需方向移動；也可有規律地轉動花盆方位，使植株不同的側面，在間隔相等的時間裡，接受等量的光源照射。生長季節可每隔 2~3 天轉動一次，轉動的次數和角度盡量相等。

（2）套紙筒遮光矯正，用牛皮紙或廢報紙做成比君子蘭葉片稍寬稍長的紙筒，利用君子蘭葉片的向光性，將生長端正的葉片用紙筒套住，而將歪葉背向陽光照射方向，過一段時間

個案篇

「歪葉」即可改歪為正，此時方可撤去紙筒。

258 君子蘭葉片發黃的原因？

君子蘭葉片發黃的原因，有九個方面。

（1）水分過多導致澇黃，應控制澆水，改善盆土的通透性。

（2）水分不足引發的旱黃，應維持盆土濕潤，空氣乾燥時可給花盆四周灑水，並給葉片噴霧。

（3）營養不足引起的瘦黃，應定期按需追施氮、磷、鉀均衡的肥料，並保持每年給植株翻盆換土一次。

（4）施肥過量導致的燒根「肥黃」，應堅持「薄肥勤施」的原則，杜絕追施生肥、濃肥、大肥。

（5）夏季烈日照射誘發的焦黃，自仲春至中秋應將其擱放於半陰處養護，避免強光暴曬。

（6）冷風吹襲形成的寒黃，盆栽君子蘭冬季要避免寒風吹拂，並將其擱放於不低於 10℃ 的室內。

（7）翻盆損根引起的傷黃，植株在翻盆時損傷了較多的肉質根系，從而導致葉片發黃枯焦。應注意在翻盆時盡量保護好其肉質根系。

（8）心葉腐爛造成的爛黃，由於臟水肥滴入葉叢中心，造成植株中間心葉腐爛，甚至全株死亡；在君子蘭養護過程中，千萬不要將污水肥滴帶入葉叢中。

（9）病蟲侵染導致的病黃和蟲黃，發現病蟲侵染危害，要及時採取有效措施進行防治。

花卉專家門診

259 春羽不發萌蘗如何分株？

春羽是深受人們喜愛的觀葉植物，但其種子不易獲得，繁殖實生苗比較困難，若採用分株法，在通常情況下又不易萌發側芽。採用去頂促萌繁殖春羽的方法，不僅簡便易行，而且效果最佳。

在夏秋二季氣溫較高時，用鋒利的刀具切除春羽母株的頂芽。去頂芽時務必徹底剷去頂端生長點，約經 1～2 週，便可促使莖幹基部的芽眼快速萌生出側芽。一株莖幹高度約 20 公分的春羽，可同時在莖幹上催逼出 10 多個或更多的側芽。

當春羽莖幹芽眼上萌發的側芽抽出 8～10 公分時，選擇晴好天氣，用利刀將每一萌芽帶莖塊切下，就可得到較多無根系的小植株。切莖分株時，若子株附著有 1～2 條根系，則可直接上盆栽種。

為了防止切下的子株直接上盆發生腐爛，可先用硫磺粉或乾淨的草木灰塗抹幼株的切口，稍晾後將其埋入乾淨的河沙中，只留萌芽於沙外，以利創口癒合，並盡快分化出新根系。在催根初期不要澆過多的水，只要保持河沙濕潤就行了，待其催生出完好的根系後再移栽上盆。

260 紅掌葉片變褐壞死怎麼辦？

造成紅掌小苗葉片變褐壞死的原因，不排除兩種可能：

（1）細菌性葉斑病，染病初期在葉脈間出現水漬狀不規則褐色至黑褐色斑，四周有黃色暈圈，嚴重時病斑融合成大斑，

個案篇

萎蔫捲曲懸掛在短莖上。檢查病死腐爛組織，若散發出一種難聞的腥臭味，且伴有黃色菌膿，則可肯定為細菌危害所造成的葉斑病。

防治方法：發病初期用 72％的農用硫酸鏈霉素可溶性粉劑 4000 倍液，或醫用硫酸鏈霉素 3000 倍液，每隔 7～10 天給植株噴霧一次。

（2）真菌性黑斑病，常造成葉片組織壞死、萎蔫、腐爛等症狀，用肉眼可觀察到病原體或其變態形式，如小黑點、黑霉等，一般發展比較慢，多表現為濕腐，無腥臭味。

防治方法：發病初期，可用 40％的乙磷鋁、撲海因可濕性粉劑 400 倍液噴灑，或用 45％的代森銨水劑 800 倍液噴霧，或用 75％的百菌清可濕性粉劑 1000 倍液噴霧，殺菌效果均比較好。

261 紅掌怎樣促萌分株？

紅掌生長旺盛，開花正常，但基部未產生萌芽，因而無法進行分株繁殖，怎樣才能促使其基部產生萌蘗呢？

（1）於春季尚未萌發前，採用一個稍小的花盆，限制植株的營養生長，促使其在根頸部產生萌蘗，以便於進行分株繁殖。

（2）人為破壞植株的生長點——頂芽，可於其佛焰苞枯謝後，用一根較粗的獸用針頭刺傷生長點，或用利刀切割去頂芽。

這兩個措施，可有效促進在其基部萌生蘗芽。

注意人為刺傷或切去生長點的傷口，切忌沾染污水，以防造成創口腐爛，導致蘗芽促萌失敗或植株部分壞死。待催生出

的幼芽長出 2～3 片葉時，結合換盆將母株從花盆中脫出，用小刀切離子株，另行選盆栽種。對一些莖節較多的種類，由於各節都能著生氣根，可以 3～4 片葉數作為一個切取單位，為促進其下部葉腋萌出側芽，可在剪切莖節前數日，預先切傷 0.5 公分的深度，促使被切傷部上方的葉腋內及早萌生出新芽；對直立性較強的種類，可進行扦插繁殖。

262 紅掌不開花是何原因？

　　紅掌不開花的主要原因是沒有根據其生態習性進行養護管理。紅掌原產於哥倫比亞的熱帶雨林中，喜歡溫暖、高濕、散射光的條件。生長和開花的適溫為 22～30℃，宜溫暖，怕寒冷，溫度最好能保持相對恆定。冬季最低溫度應保持在 10℃ 以上；夏季溫度超過 35℃ 則孕蕾開花明顯減少；25℃ 以上高溫時，就要注意通風。

　　春、夏、秋三季可適當遮蔭，宜遮光 30%～50%，避免陽光直射；冬天應將其放在室內靠近窗戶的明亮處。它要求比較濕潤的環境，空氣濕度應維持在 70%～80% 之間；盆土內不能積水，但必須保持盆土濕潤，維持 4.5～5.0 的土壤 pH 值，葉面應經常噴水，空氣乾燥時，每天要噴 2 次水。冬季室溫低時，則應適當減少澆水。除在盆土中施足基肥外，可於生長季節，每隔半月施一次氮、磷、鉀比較均衡的速效液態肥，或埋施適量的顆粒肥。

　　栽培基質：可用園土、腐葉土、粗泥炭按 1：3：1 的比例混合，也可加入適量的水苔、蕨莖，同時加入少量漚透的乾餅肥末。只要在溫度、濕度、水分、光照、肥料等方面滿足了它

的正常要求，紅掌在一般居家中養護同樣能長得葉片蔥綠，佛焰苞鮮艷。

263 冬季怎樣給蝴蝶蘭淋水？

蝴蝶蘭為典型的附生蘭，盆栽時既要求有較高的空氣濕度，又要求栽培基質中不存有積水，否則很容易造成植株爛根死亡。入冬後可每週澆水一次，時間宜在上午 10～11 時，遇到寒冷的天氣不宜多澆水，以保持栽培基質稍乾為好。

蝴蝶蘭冬季應擺放於不低於 10℃的環境中，有一定的光照條件。如果給予葉面噴水，最好是進行噴霧，勿使葉叢中心形成積水。噴霧可在中午前後進行，並要求水溫與氣溫基本一致，經過一個下午的蒸發，葉面已經收乾，不再有水珠存在，這樣方可有利於其過夜和安全過冬。冬季蝴蝶蘭出現爛根，與植株上噴水過多，致使葉腋裡在夜間仍存在有較多的積水、栽培基質又過分潮濕等有著極大的關係。蝴蝶蘭的生長適溫為20～30℃，

冬季應為其創造一個比較暖和的環境；葉面噴水後，若其葉腋間有較多的存水滯留，可用毛巾或衛生紙將水滴吸去，切不可掉以輕心。

264 家庭培植卡特蘭為何不開花？

卡特蘭為蘭科卡特蘭屬的多年生附生草本植物，原產洪都拉斯。其假鱗莖呈紡錘形，株高 25 公分以上，一莖有葉 2～3枚，葉片厚實呈長卵形。一般秋季開花 1 次，有的能開花 2

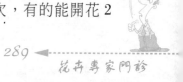

花卉專家門診

次，一年四季都有不同品種開花。花梗長 20 公分，有花 5～10朵，花大，花徑約 10 公分，有特殊的香氣，每朵花能連續開放很長時間。除黑色、藍色外，幾乎各色俱全，姿色美艷，有「蘭花之王」的稱號。

家庭培植卡特蘭不易開花，主要原因是未能根據卡特蘭的生態習性進行精細到位的管理。

卡特蘭莖葉肥厚，氣根旺盛，耐乾旱，一個月不澆水也不致於枯死。在屋頂、陽臺、屋檐、大樹下，均可栽培，但要求空氣新鮮流通，並適當予以遮光，可用遮陽網擋去 50％～60％的陽光，要求白天溫度 25～30℃，夜間 15～20℃，小苗冬季最好在溫室內越冬，不應低於 15℃。成株在近開花期減少澆水，可促進花芽分化；新芽成長期或花苞形成後，要多澆水，但夜間要避免澆水，特別是寒潮侵襲的時候必須完全停止澆水；平常空氣濕度控制在 60％～65％。

培植卡特蘭可用塑料盆或陶瓷盆，成株栽培植料，可用碎蕨根 6 份、蛭石 1 份，外加木炭和碎石等。肥料可用少量遲效肥做基肥，平常用 1000～2000 倍的水溶性速效肥，每半月追施一次；小苗宜氮肥多些，促進根、葉的生長；中苗提高鉀肥的用量，使其植株生長健壯；成株要加大磷肥用量，能促進植株開大花、開好花。

培養卡特蘭，不要隨意變換花盆方向，如果不斷地轉變方向，由於植株的趨光性，容易引起肉質葉柄萎縮，葉片扭曲發黃，影響到正常的開展。

家庭繁殖可於春、秋兩季用分株法，每叢帶 3 個假鱗莖；移栽最好在休眠期結束後進行。

個案篇

265 春蘭孕蕾後爲何難以開花？

花卉愛好者在蒔養春蘭時，往往出現秋季孕蕾正常，到了春天卻開不了花，出現花莖枯死、花梗不出土或乾脆在土面開花的不正常現象。究其原因是：春蘭形成花芽後至開花前這一段時間，需要有一個冷涼環境，花梗才能伸出開花。

為此，秋冬季應將其放在室溫 0℃ 左右並能見光的室內養護 1～2 個月，這樣秋季形成的花芽能在低溫條件下逐漸生長發育，春天才能開花。江淮以南地區，盆栽春蘭可在室外露天放置到 12 月底，再移入室內能見到陽光的位置，維持盆土不結冰即可，到了來年春天便可順利開花。

266 如何給文心蘭催芽？

文心蘭常順著匍匐莖長出新芽，可試用截莖法催芽。春季選擇 2～3 個假鱗莖，用刀切斷或半切斷它們之間的聯繫，傷口處用殺菌劑塗抹消毒，經過一段時間以後，切截處附近就能長出新芽，待新根生長旺盛後再行分株。

267 春蘭和蕙蘭有何區別？

春蘭與蕙蘭的區別在於：

（1）花期不同，同一地點在自然狀態下，春蘭開花明顯早於蕙蘭 1 個月以上，春蘭花期在 2～3 月間，蕙蘭花期在 4～5 月間。

花卉專家門診

（2）二是花朵數量不同，春蘭花為一葶一朵，極少一葶二朵，而蕙蘭則為一葶數朵至十幾朵或更多。

（3）三是香味不同，春蘭香味較濃鬱，蕙蘭香味較清淡。

（4）葉片不同，春蘭葉片較短，葉質柔軟，葉脈不明顯；蕙蘭則葉片較長，葉質發硬，葉脈透明顯著。

268 怎樣在花市上挑選落山蘭草？

不少花卉愛好者，喜歡在花市上挑選落山蘭草，但栽種後往往葉不旺、難開花。那麼，在花市上挑選落山蘭有何講究呢？

①看根系，要選擇根系完整健壯、自然連結成大塊、肉質根損傷少、根色鮮嫩而不發黑或中空的植株，不能選擇包裹在青苔中，根部一擠壓就滲水的植株，在這一點上不能聽花販子的片面介紹。

②看葉片，葉色要鮮綠發亮、無黑斑和枯黃焦尖，每株有4～5束葉叢以上。

③花苞，花蕾要飽滿，苞片脈紋清晰。

④整體，要選擇「三代同堂」、「老中青俱全」的健壯植株。

269 怎樣促成蘭葉烏黑發亮？

不少花卉愛好者種養蘭花時，儘管也能勉強開花，但葉色發黃，缺乏應有的精神氣。怎樣才能促成蘭葉烏黑發亮呢？

生長季節，每隔7～10天，於傍晚向葉背面及蘭株周圍噴

個案篇

灑 1：500 的米醋溶液，可使蘭株生長健壯，葉片烏黑鋥亮。因其主要成分為醋酸，同時還含有多種氨基酸，具有促進植株生長，增強光合作用，積累乾物質，減少氣孔開張，降低蒸騰等多種作用。

270 陽台養蘭怎樣巧過夏？

夏日來臨，天氣乾熱，種養蘭花，特別是在高樓陽臺上種養蘭花，如何平安過夏，是保證蘭株能否正常開花的關鍵，也是諸多蘭花愛好者感到頗為棘手的問題之一。這裡向諸位推薦一種盆池蓄水增濕降溫、保養蘭花越夏的方法，用此方法在3～7樓的陽臺實行全光照養護，春蘭、夏蘭、建蘭、墨蘭等均能連年開花。

在南向陽臺的內側搭一個堅固的架子，注意盡量不要在陽臺的前沿或西頭（可減少陽光暴曬和太陽西曬）。也可直接放在較寬的陽臺水泥欄板上，外側最好用角鐵焊鉚加固支架，以防擱置的盆花被風吹或人為碰撞而掉落。

具體做法是：選一個較大的捲沿淺盆，也可用廣口的硬塑料盆代替，盆深在5～15公分，內放數塊能吸水的石頭，最好是用來製作假山的吸水石，在盛有石頭的盆內蓄水，使石頭稍露出水面1～2公分，再將盆蘭平放於吸水石上，這樣蘭花四周憑借淺盆中蒸發出的水分，可使周圍的濕度大大升高，同時也使局部的溫度有所下降。特別是與吸水石相接觸的排水孔及盆底、盆壁部位，利用素瓦盆本身的毛細孔，可以從石頭中間接吸收一定的水分供盆內蘭株生長的需要，這樣使盆蘭的環境濕度得到了不同程度的改善。

值得注意的是：不要直接將盆蘭的下部靠貼水面，更不要將花盆下部浸泡於水中，這樣易造成蘭株爛根。此外，如果陶瓷質大淺盆或塑料大盆不方便，也可改用水缸或水泥池蓄水，在離水面2～3公分的高度橫擱幾塊窄木板，板與板之間留出較大的間隙，將盆蘭擺放於木板條上，盆蘭四周增濕降溫的效果也很不錯；但由於盆蘭不能直接從缸、池中吸收水分，應每天給盆蘭補充澆水或噴水。為了使陽臺乾淨衛生，盆蘭的施肥可改用花市上購買的顆粒肥或蘭花專用肥。

　　另一個方法是：餅肥充分堆漚熟透後，將其曬乾，再用瓶子收藏好，每週一次撒少許乾燥的餅肥顆粒於蘭株周圍，或直接埋於盆土中，隨著日常的澆水噴水，即可將肥料均勻溶化擴散於根系四周，供給植株生長發育和開花，非常簡便易行。為了防止蓄水的盆池中孳生蚊蟲，只要在水中滴入少量滅蚊劑即可。平常注意檢查盆池內蓄水的高度，及時加以補充。

　　盆蘭採用此法越夏，不需要搭棚遮蔭，即便是因管理疏忽幾天未澆水或噴水，對蘭花的生長也無大妨。許多蘭花愛好者，採用此法種養的春蘭、夏蘭、秋蘭、墨蘭等，每年都開出了滿意的花朵，且葉片極少有病斑，蒼翠可人。

271 讓蘭花不結果可行嗎？

　　在蘭花栽培中，為使水、肥能集中供應蘭株的營養生長，而不為生殖生長所消耗，採取人工方法摘除花芽、花苞、花葶等，仍是目前蘭花栽培生產中一種切實可行的方法。雖然比較費工，但只要能掌握好時間及準確區分清楚葉芽與花芽，可大大提高摘除花芽的工作效率。無論是春蘭、蕙蘭，還是建蘭、

報歲蘭，在其花芽形成後，且與葉芽有明顯的區別時，仔細檢查苗株，及早摘除花芽，可有效防止養分被花芽消耗，這要比待其花芽長成花葶或開放後再摘除，可大大減少養分無端消耗，並且可減少摘芽除苞所需的時間。

此外，加強水、肥和光照控制，在蘭株花芽分化前後適當減少光照，限制磷、鉀養分，可明顯抑制花芽的孕生。始終保持植株旺盛生長，促進葉芽大量萌發，也可抑制花芽的分化，使蘭株少開花或不開花。

當然控制光照和限制磷、鉀養分的供應，應在不影響蘭株正常生長的前提下進行，切不可為減少開花，採取一些極端措施，導致嚴重傷害蘭株的正常生長。

272 墨蘭爛根如何辨別和補救？

墨蘭是我國盆栽最多、深受人們歡迎的家養蘭花。因其耐寒性較差，在北方地區及長江流域栽培，多在室內越冬。因冬季氣溫低、土壤板結、澆水過多等緣故，往往容易造成墨蘭植株的爛根，輕者影響其正常的生長和開花，嚴重者會導致全株枯死。

辨別爛根的墨蘭主要看葉色。當春回氣暖後，墨蘭植株的葉片逐漸失去油綠色的光澤，撫摸蘭葉有乾燥、起皺、發軟的手感，則可初步斷定該蘭已發生了爛根；其次，天氣晴好時，在不補充澆水的情況下，數天不見盆土發白變乾，也表明植株的肉質根喪失了吸收功能。當然，要判斷根系腐爛受損的程度，則必須將植株從花盆中脫出，才能最後確定。

搶救爛根墨蘭的方法是採取翻盆換土和剪去腐根等措施。

花卉專家門診

當初步斷定墨蘭植株根系發生腐爛時，可將蘭株從花盆中脫出，便能直觀地看到植株根系的腐爛情形，抖去宿土後，剪去霉爛發黑及中空的根系，保留尚未腐爛的部分，並在創口處抹以草木灰，同時疏去一些帶病斑的發黃葉片，只要莛薺狀假鱗莖尚未爛掉，一般均可復活發根。

為使植株不再傳染病菌，重栽時要換一個乾淨的素瓦盆，並選用無污染的濕潤素沙栽種。栽種時素沙覆蓋至假鱗莖的基部即可，千萬不要掩沒假鱗莖，最後在沙上加蓋一層乾淨的培養土，隨即將重新種好的墨蘭擱置於陰涼通風的場所。

在墨蘭根系的恢復再生過程中，一般不施肥，且必須防止暴雨澆林，待到葉色轉綠，葉片光潔挺直時，方可恢復正常的水肥管理。此一過程約需 3 個月的時間。

273 單個新鮮碩大的墨蘭假鱗莖能形成新株叢嗎？

蘭花的假鱗莖基部，常有 1～2 個或更多的芽或潛伏芽，一般在良好的栽培條件下，如合理施肥、溫度適宜、通透良好、光照得當，能萌發 2 個或 2 個以上的新芽。

據有關資料介紹：一株墨蘭在生長激素的作用下，一年能發 5～8 個芽。單個帶葉的墨蘭假鱗莖，剪去爛根枯葉後，用 70％的甲基托布津可濕性粉劑 800 倍液，浸泡 10～15 分鐘消毒，稍加曬乾，用新鮮疏鬆的植料栽好，基質中可適當增加沙的成分，以促成假鱗莖基部早發新芽，形成新的株叢。

274 盆栽蝴蝶蘭莖葉茂盛為何不開花？

蝴蝶蘭的花芽分化主要受溫度的影響，進入秋季後維持15～18℃的低溫是保證其花芽分化順利完成的必備條件。對蝴蝶蘭苗進行每天 18 個小時的低溫處理，時間一個半月，即可形成很多的花芽；花芽形成後，再將其移至晚間 18～20℃的環境中，約過 100 天後即可正常開花。

275 蝴蝶蘭不開花或枯蕾的原因是什麼？

蝴蝶蘭從小苗到開花大約需要 2 年左右的時間，成株多在每年春節前後開花。但有些蝴蝶蘭就是不開花，或雖形成花蕾卻又枯黃早落，令不少花友深感失望。追究其原因，主要有以下幾個方面：

(1)栽培環境空氣乾燥：澆水不足或受到強光照射，均會造成葉片萎蔫、黃枯，影響花芽分化和開花。

(2)溫度過高或過低：抑制植株生長，也會影響花芽形成而不開花。蝴蝶蘭喜溫度較高的環境，即使形成了花蕾，如室內溫度過低，花蕾就會萎縮脫落。

(3)施肥比例失調：施氮肥過多而又缺乏磷鉀肥時也會影響花芽形成，不開花或很少開花。施肥過濃，特別是孕蕾後施濃肥，易造成花蕾枯黃早落。

(4)澆水不慎：將水分濺到葉基部的花心處，由於積水導致葉基腐爛，造成植株生長不良，影響開花。因此，噴水時宜用噴霧方法噴及葉面，避免噴到生長點處。在花蕾形成後，不要往花上噴水，以免造成落蕾。

(5)空氣不流通：特別是開花期間更需要通風，若此時空氣停滯不流動，花莖頂端易凋萎，導致花蕾枯黃早落。

花卉專家門診

276 怎樣給盆栽萬代蘭施放固態肥料？

萬代蘭缺肥，易導致其葉片發黃，不能正常抽葶開花，澆施液態肥又因其植料持肥性差，容易滲漏掉，特別是在垂（吊）掛栽培時也不方便。因此，給萬代蘭施放固態肥料，可於生長季節，在盆面的不同部位，每隔一個月，擱放一些經過發酵後用紗網色裹起來的固態肥料，如餅肥或餅肥與塘泥搓成的團粒、復合肥顆粒等。

277 怎樣辨別春石斛和秋石斛？

(1) 雜交親本不同：春石斛，是以原產於東亞低緯度、高海拔地區的落葉耐寒種類為親本，經過多代反復雜交培育出來。親本多以金釵石斛（*Dendrobium noble*）為主，具有需經 5℃ 左右的低溫和乾旱環境才能形成花芽的特點，花期多在春季。花型與卡特蘭有些相似，主要作盆花栽培。秋石斛，是以原產熱帶地區的種類，如蝴蝶石斛（*D. Phalaenopsis*）等為親本，經多代反復雜交培育而成。其最大特點是在高溫高濕和短日照條件下才能形成花芽，花期多在秋季，常作切花栽培。

(2) 溫度要求不同：春石斛在秋末至冬季要求 5℃ 左右的低溫環境才能形成花芽，到了春天方可正常開化。秋石斛則要求全年高溫，越冬溫度最好在 16℃ 以上，否則對其生長和開花均為不利。

(3) 花期不同：春石斛的自然花期一般在 3～5 月間，經人工催花，可提前到 1～2 月。秋石斛的花期，在亞熱帶和溫帶地

個案篇

區溫室中栽培，一般在秋冬季；但在熱帶地區栽培，只要是生長充實成熟的假鱗莖，全年均可開花。

(4)株體形態不同：大多數春石斛品種植株較矮小，通常在20～30公分之間；秋石斛株形高大，通常高達30～50公分，甚至高達100公分，非常壯觀。

(5)著花部位不同：春石斛除基部少數幾個節外，在成熟的假鱗莖上、中、下各個節上均可著花，整個莖體上開滿花朵；秋石斛的花主要開在成熟假鱗莖頂部的節上，中下部節上很少孕蕾開花。

(6)花序形態不同：春石斛花序短小，每個花序長3～5公分，有花1～3朵，宜作盆栽觀賞；秋石斛花枝較長，可達50～100公分，每花序上有花10餘朵，甚至數十朵，花枝直立或稍彎曲，適於作切花。但其中一些矮生品種，亦可作盆花栽培。

278 大花蕙蘭能否再次開花？

花市上出售的大花蕙蘭很是喜人，不少花卉愛好者誤認為：韓國進口的洋蘭，是一次性商品花，一次性開花後就沒有什麼繼續蒔養的價值。這種看法是不正確的。大花蕙蘭不是一次性消費花卉，只要用心管理，完全可以再度開花。

花謝後的大花蕙蘭要及時換盆。可將植株先從千筒盆中脫出，剪去殘花敗梗、黃化葉片及其已經腐爛的部分肉質根，選用排水透氣性良好的植料重新上盆栽植。

植料可用泥炭蘚、陶粒、蕨根、樹皮塊、磚粒、木炭、硬塑泡沫等。花盆宜用中下部多孔的深盆，先在底部填充碎磚粒

作排水層，上面再用 2 份蕨根（或腐朽的樹皮塊）與 1 份粗泥炭混合配製的基質種植，植株的新芽放在正中，另插一根小竹竿作固定，再從盆邊填入植料，輕輕壓緊至苗株不再鬆動，不要傷及新芽和新根。

　　大花蕙蘭是典型的熱帶附生蘭，性喜冬季溫暖、夏季涼爽的環境。生長適溫為 15～25℃，夜間為 10～15℃，冬季應維持不低於 5～10℃ 的棚室溫度。它比較喜光，春季可接受全光照，夏秋季可遮光 50% 左右，光線過強易導致其生長不良和葉片發黃枯尖；夏季要設法為其創造一個涼爽濕潤的環境條件，這樣可促使其生長健壯並能分化出碩壯的花芽。

　　城市樓上居家種養大花蕙蘭，可將其擱放於 20～25℃ 的空調室內，注意葉面噴水和提高周圍環境的空氣濕度，但盆內基質中不能有積水。

　　大花蕙蘭的水肥管理不可忽視。它在春季生長旺盛，要求有充足的水分和較高的空氣濕度；夏季應將其擱放於涼爽濕潤的樹蔭下或大棚中，給周圍環境噴水降溫增濕；秋季它處於花芽形成的相對休眠期，也是最關鍵的時間段，應減少澆水以利於花芽的生育；冬季花芽開始發育伸長，也需要一定的水分，空氣不能乾燥，否則會導致葉片失神發澀，花序枯黃難以生長；冬季擱放於室內或大棚中的植株，還要保持良好的通風透氣狀況，否則會導致其生長不良。

　　在春、夏、秋三季的生長時間段裡，可每隔 10 天施一次液肥，可用氮、磷、鉀復合肥液進
行葉面噴灑或根部澆施，濃度一般控制在 0.1% 左右，或用漚熟過的稀薄餅肥液，但不能沾污其葉片，以免導致葉片發生病害。此外，還可於生長季節在盆面不同的部位，每隔一個月擱

放一些經過發酵過的固體肥料，如經漚製後曬乾的餅肥末，也可以是多元緩解復合肥顆粒。當氣溫超過 30℃ 或低於 10℃ 時，應停止一切形式的追肥。

279 生長健壯的大花蕙蘭為何不開花？

在我國不少地區，6～7 月正處於炎熱的夏季，而大花蕙蘭恰在 6～7 月間處於花芽分化期，若晝夜溫差太小，或氣溫過高，使其不能順利完成花芽分化，從而導致其生長健壯而不能開花。生產性栽培，為節約成本，最好將其送到高海拔山區過夏；家庭少量栽培，可用空調促成晝夜溫差拉大。

280 大花蕙蘭的冬季管理如何進行？

大花蕙蘭是近年來常見的家庭擺放的年銷花，在我國大部分地區的冬季應移入溫室內越冬，並保持有 5～8℃ 以上的溫度。大花蕙蘭對光照的要求要高，光照的不足將導致植株纖細瘦小、抗病力弱外，還明顯影響大花蕙蘭的生殖生長；春季應遮光 20%～30%，夏季遮光 40%～50%，9 月下旬至 12 月花芽生長期可開始加大光照。

大花蕙蘭冬季的水分管理以每 3～5 日澆水一次為好，因這時氣溫較低，植株細胞的含水度低些會更有利於大花蕙蘭的越冬。春季開始，澆水量應逐步增加至初夏每日澆水一次，一直持續至秋季再逐步減少。

就大花蕙蘭的生長期來講，新芽生長期和分株苗新植期，植株營養生長旺盛，生長量大，而這時新的假鱗莖尚沒有形

成，此時一定要保證充足的水分；花蕾生長期也是植株生長旺期，這時生長量大，需保證水分管理，反之則不利花蕾、花葶的生長發育，或使花的品質受到影響。新移植的分株苗，根部有分株的傷口，以偏乾為好，更利於根部傷口癒合，但此時要對植株葉面經常噴清水。

除此之外，大花蕙蘭的附生性較強，應在栽培場地附近經常噴灑清水，保持有足夠的濕度，以便大花蕙蘭的生長發育良好；反之，如濕度過低，植株往往生長不良，葉色發黃，花序無力。

大展好書　好書大展
品嘗好書　冠群可期